essentials

essentials liefern aktuelles Wissen in konzentrierter Form. Die Essenz dessen, worauf es als „State-of-the-Art" in der gegenwärtigen Fachdiskussion oder in der Praxis ankommt. *essentials* informieren schnell, unkompliziert und verständlich

- als Einführung in ein aktuelles Thema aus Ihrem Fachgebiet
- als Einstieg in ein für Sie noch unbekanntes Themenfeld
- als Einblick, um zum Thema mitreden zu können

Die Bücher in elektronischer und gedruckter Form bringen das Fachwissen von Springerautor*innen kompakt zur Darstellung. Sie sind besonders für die Nutzung als eBook auf Tablet-PCs, eBook-Readern und Smartphones geeignet. *essentials* sind Wissensbausteine aus den Wirtschafts-, Sozial- und Geisteswissenschaften, aus Technik und Naturwissenschaften sowie aus Medizin, Psychologie und Gesundheitsberufen. Von renommierten Autor*innen aller Springer-Verlagsmarken.

Weitere Bände in der Reihe http://www.springer.com/series/13088

Patric U. B. Vogel · Günter A. Schaub

Neue Infektionskrankheiten in Deutschland und Europa

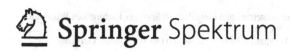
Springer Spektrum

Patric U. B. Vogel
Cuxhaven, Deutschland

Günter A. Schaub
Ruhr-Universität Bochum
Bochum, Deutschland

ISSN 2197-6708 ISSN 2197-6716 (electronic)
essentials
ISBN 978-3-658-34147-3 ISBN 978-3-658-34148-0 (eBook)
https://doi.org/10.1007/978-3-658-34148-0

Die Deutsche Nationalbibliothek verzeichnet diese Publikation in der Deutschen Nationalbibliografie; detaillierte bibliografische Daten sind im Internet über http://dnb.d-nb.de abrufbar.

Planung/Lektorat: Stefanie Wolf
Springer Spektrum ist ein Imprint der eingetragenen Gesellschaft Springer Fachmedien Wiesbaden GmbH und ist ein Teil von Springer Nature.
Die Anschrift der Gesellschaft ist: Abraham-Lincoln-Str. 46, 65189 Wiesbaden, Germany

Was Sie in diesem *essential* finden können

- Eine Einführung in neue Infektionskrankheiten in Europa
- Die Darstellung der gesundheitlichen Folgen
- Eine Übersicht über die Ansiedlung neuer Mückenarten, die potenziell Überträger tropischer und subtropischer Krankheitserreger sind
- Eine Einführung in Faktoren, die eine Ausbreitung von Überträgern und Viren begünstigen
- Eine Übersicht diverser Infektionskrankheiten, von der Afrikanischen Schweinepest über COVID-19 bis hin zum West-Nil-Fieber

Inhaltsverzeichnis

Einleitung

In den letzten 15 Jahren haben verschiedene neue **Infektionskrankheiten** Deutschland und Europa erreicht bzw. besitzen das Potenzial, endemisch zu werden. In der Zeit davor gab es immer wieder neue Infektionskrankheiten, jedoch mit größeren zeitlichen Abständen. Einzelne Krankheiten haben es geschafft, sich auch bei uns erst unerkannt zu manifestieren, wie z. B. AIDS in den 1980er Jahren, während wir von anderen überwiegend verschont blieben wie z. B. von der **SARS-Pandemie** 2002/2003. Viele der neuen Gefahren werden durch die zunehmende Globalisierung und den Klimawandel begünstigt. Die globale Erwärmung hat z. B. in Deutschland in den letzten 135 Jahren zu einem Anstieg der durchschnittlichen Temperatur um ca. 1,4 °C geführt. Obwohl dies nicht die einzige Ursache ist, tragen diese geänderten Umgebungsbedingungen dazu bei, dass sich bekannte Krankheiten wie die von Zecken übertragenen Erreger der **Borreliose** und der **viralen Hirnhautentzündungen** weiter ausbreiten und die Infektionen in Deutschland deutlich zugenommen haben (Hemmer et al. 2018).

Daneben treten neue Infektionskrankheiten bei uns auf, deren Erreger gänzlich neu oder als „Exoten" stark an tropische oder subtropische Gebiete gebunden waren. Davon sind sowohl der Mensch als auch Tiere betroffen. Ein Beispiel, das später in diesem Buch nicht weiter erörtert wird, ist **EHEC.** Diese Erkrankung war schon länger bekannt, trat aber in einer besonders schweren Form verstärkt im Jahr 2011 bei Menschen auf und betraf schwerpunktmäßig Norddeutschland. Der Erreger war ein pathogener Stamm des normalerweise ungefährlichen und oft im Darm auftretenden Bakteriums *Escherichia coli*. Obwohl der Erreger bei Erkrankten schnell nachgewiesen wurde, war die Quelle zunächst unklar. Erst einige Zeit später wurde eine importierte Gemüseart als Quelle identifiziert. Der Ausbruch endete bereits 2011 (Karch et al. 2012). In diesem Fall war es die Aufnahme von kontaminierten Lebensmitteln. Es gibt aber auch je nach Erreger andere **Übertragungswege** wie Tröpfcheninfektionen, direkten Kontakt oder die Übertragung

P. U. B. Vogel und G. A. Schaub., *Neue Infektionskrankheiten in Deutschland und Europa*, essentials, https://doi.org/10.1007/978-3-658-34148-0_1

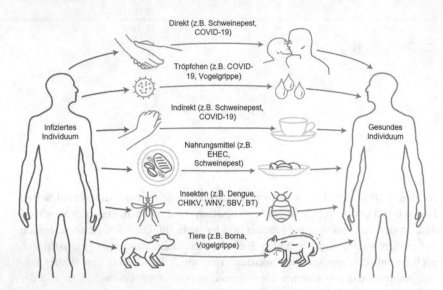

Abb. 1.1 Übertragungsarten von Infektionskrankheiten (Schweinepest: Afrikanische Schweinepest; EHEC: Enterohämorrhagisches *Escherichia coli;* CHIKV: Chikungunya-Virus; WNV: West-Nil-Virus; SBV: Schmallenberg-Virus; BT: Blauzungenvirus; Bildquelle: Adobe Stock, Dateinr.: 363871243, modifiziert)

durch Insekten (Abb. 1.1). Die verschiedenen Infektionserreger unterscheiden sich neben der Übertragung auch in vielen anderen Aspekten.

In diesem Essential werden zunächst **Infektionskrankheiten** vorgestellt, die durch direkten und indirekten Kontakt übertragen werden. Als erstes werden die Biologie, Epidemiologie sowie die wirtschaftliche Bedeutung der gefürchteten **Afrikanischen Schweinepest** beschrieben. Das erstmalige Auftreten in Deutschland hatte weitreichende Konsequenzen. Es führte z. B. zu einem sofortigen Importverbot von deutschem Schweinefleisch, u. a. durch den größten Abnehmer China. Danach wird die Bedeutung von sog. **Zoonosen** erörtert, also Krankheiten, die z. B. von Tieren auf andere Tiere oder den Menschen übertragen werden können. Dazu gehört die häufig auftretende **Vogelgrippe,** die ein enormes Gefahrenpotenzial für die Geflügelindustrie hat und z. B. durch Zugvögel nach Europa gebracht wird, aber auch die sehr seltene **Borna**-Krankheit. Beide können bei direktem Kontakt auch auf Menschen übertragen werden und führen beim Menschen zu einer hohen Fallsterblichkeitsrate. Zudem besteht bei der Vogelgrippe das Risiko, dass sich das Virus durch genetische Vermischung mit den an Menschen angepassten Influenza-A-Subtypen weiterentwickelt. Abschließend wird die derzeit bedeutsamste Zoonose auf der Welt vorgestellt, **COVID-19.** Diese neue Infektionskrankheit zeigt nach dem wahrscheinlichen Sprung vom Tier auf den Menschen im Gegensatz zu den beiden vorherigen Beispielen eine effiziente Mensch-zu-Mensch-Übertragung. Diese Krankheit verbreitete sich sehr schnell auf der ganzen Welt und ist aufgrund der Dauer der Pandemie und der Maßnahmen zur Kontrolle einzigartig in der Geschichte der Menschheit. Dabei werden auch die für Atemwegserkrankungen ungewöhnlichen Langzeitfolgen **(Long Covid)** sowie die Frage nach dem Ursprung beleuchtet.

Eine weitere große Gruppe von Erregern sind die sog. **Arboviren.** Das sind Viren, die durch Insekten, meist Mückenarten, auf Tiere oder Menschen übertragen werden. Die Frage, welche der durch **Mücken** übertragbaren Erreger sich auch bei uns in Deutschland manifestieren können, hängt entscheidend vom Übertragungspotenzial einheimischer Mückenarten und den klimatischen Bedingungen ab. Dazu beschäftigen wir uns mit der Biologie und dem Übertragungspotenzial von heimischen Mückenarten wie den **Gnitzen** und der **Gemeinen Stechmücke** *(Culex pipiens).* Gnitzen sind bei Infektionskrankheiten von Tieren wichtige Überträger. Die sich verändernden klimatischen Verhältnisse vereinfachen zudem, dass sich hier exotische Überträger etablieren können. Dazu gehören z. B. neu eingewanderte, sog. invasive Mückenarten, wie die **Asiatische Tigermücke** oder die **Asiatische Buschmücke,** die bestimmte tropische Arboviren übertragen können. Die Ausbreitung der Asiatischen Tigermücke wird als die größte Gefahr für die weltweite Ausbreitung von **Dengue-Fieber** angesehen. Ein anderes Beispiel sind die **Riesenzecken** (*Hyalomma* spp.), die Krankheiten wie Fleckfieber übertragen können und in den letzten Jahren häufiger in Deutschland gefunden werden (Chitimia-Dobler et al. 2018). Allerdings werden wir in diesem Essential nicht näher auf Zecken eingehen.

Abschließend werden in Kap. 5 und 6 verschiedene Beispiele für Ausbrüche bzw. Epidemien von Arboviren vorgestellt. Das völlig neue **Schmallenberg-Virus** hat sich ab 2011 in ganz Europa ausgebreitet und vor allem Schäden in Rinderherden durch Fehlbildungen bei neugeborenen Kälbern verursacht. Ein weiteres Beispiel ist die **Blauzungenkrankheit,** die schon länger bekannt war, jedoch erstmalig 2006 in Deutschland auftrat und bis 2009 starke Ausbrüche verursachte. Durch intensive Bekämpfungsmaßnahmen wurde diese Tierseuche unter Kontrolle gebracht. Bis 2018 galt Deutschland als frei von der Blauzungenkrankheit. Dann folgten aber weitere Ausbrüche mit variierenden Häufigkeiten und Ausmaßen (FLI 2021a).

Das Risikopotenzial von neuen **humanen Arboviren** wird ebenfalls durch lokale Ausbrüche belegt, wie das **Chikungunya-Virus** in Italien oder das

Dengue-Virus in Frankreich, wobei jedoch sofortige Gegenmaßnahmen erfolgreich waren. Auch das **West-Nil-Virus** hat ein Epidemie-Potenzial. Dieses wird z. B. durch Zugvögel eingeschleppt und kommt bereits häufiger in Europa vor. In den vergangenen Jahren traten vereinzelt letale Infektionen beim Menschen auf, wie z. B. in Leipzig Ende 2020. Es gibt auch erste Hinweise, dass das West-Nil-Virus nicht nur jährlich neu eingeschleppt wird, sondern bereits in lokalen Mückenarten in Europa überwintert.

   Zusammenfassend werden in diesem Essential einige neue **Infektionskrankheiten** der Tiere und des Menschen in Deutschland und Europa dargestellt. Dabei werden biologische und epidemiologische Grundlagen der Erreger und ihrer Überträger sowie das Risikopotenzial beschrieben.

- Afrikanische Schweinepest
- Zoonosen: Vogelgrippe, Borna-Krankheit, COVID-19
- Lokale und neue Mücken: Gnitzen, Gemeine Stechmücke, Asiatische Tigermücke und Asiatische Buschmücke
- Arboviren der Tiere: Schmallenberg- und Blauzungen-Virus
- Humane Arboviren: Chikungunya-Virus in Italien, Dengue-Virus in Frankreich und West-Nil-Virus in Europa

Die Afrikanische Schweinepest – Biologie, Epidemiologie und wirtschaftliche Bedeutung

2

Die **Afrikanische Schweinepest** ist eine meldepflichtige Tierseuche, die aufgrund des Schadens in Schweineherden, aber auch aufgrund von landesweiten Handelsbeschränkungen im Falle des Nachweises gefürchtet ist. Der Erreger ist ein behülltes DNA-Virus aus der Familie der *Asfariviridae*. Das Virusgenom ist von Proteinen eingekapselt und zusätzlich von einer Plasmamembran umgeben (= behüllt). Das Schweinepest-Virus hat ein sehr großes Genom. Obwohl die Molekularbiologie dieses Virus intensiv erforscht wird, sind viele molekulare Aspekte noch unbekannt, wie z. B. auch der Zellrezeptor, an den das Virus für die anschließende Zellinfektion bindet (Karger et al. 2019). Die Krankheit verläuft beim Schwein schwer, z. T. mit unspezifischen Symptomen aber auch starken Blutungen (Abb. 2.1). Es gibt verschiedene Stämme des Virus, die sich z. T. erheblich in der Letalität unterscheiden. Die **Fallsterblichkeitsrate** kann bis zu 100 % betragen (Schulz et al. 2019).

Diese Infektionskrankheit ist keine **Zoonose,** d. h. der Mensch kann nicht daran erkranken. Insgesamt ist das Wirtspektrum bei diesem Virus recht begrenzt, da es neben Haus- und Wildschweinen keine anderen Tiergruppen befällt (FLI 2021b). Allgemein wird angenommen, dass sich die **Afrikanische Schweinepest** rasant im Bestand verbreitet. Die Variation zwischen verschiedenen Ausbrüchen ist allerdings erheblich und es wird neuerdings hinterfragt, ob die Verbreitung unter Feldbedingungen nicht doch langsamer erfolgt als allgemein vermutet (Schulz et al. 2019). Zum Beispiel sind in mehreren Ausbrüchen nur ein Tier oder wenige Tiere zum Zeitpunkt der Erkennung infiziert gewesen. Weiterhin wurde die Infektion nicht auf alle Tiere übertragen, die über eine Woche im gleichen Stall gehalten wurden (Chenais et al. 2019). Bei diesen Fällen scheinen verschiedene Faktoren beteiligt gewesen zu sein (Virusisolat, Virustiter, Haltungsbedingungen, Hygiene-Management). Im Gegensatz dazu belegen andere Studien eine Infektion von Hausschweinen bei direktem Kontakt mit Wildschweinen, aber auch wenn die

© Der/die Autor(en), exklusiv lizenziert durch Springer Fachmedien Wiesbaden GmbH, ein Teil von Springer Nature 2021
P. U. B. Vogel und G. A. Schaub, *Neue Infektionskrankheiten in Deutschland und Europa,* essentials, https://doi.org/10.1007/978-3-658-34148-0_2

Abb. 2.1 Blutungen, die bei der Afrikanischen Schweinpest auftreten können (Bildquelle: Adobe Stock, Dateinr.: 198402392)

Tiere in verschiedenen Stallungen des gleichen Betriebes gehalten werden, also kein direkter Kontakt besteht (Guinat et al. 2016).

Die **Übertragung** in Schweineherden erfolgt direkt von Schwein-zu-Schwein oral oder nasal über Kontakt mit infizierten Tieren, deren Ausscheidungen bzw. den Überresten toter Tiere oder kontaminierten Oberflächen (Cwynar et al. 2019; Masur-Panasiuk et al. 2019). Neben der Übertragung von Schwein-zu-Schwein bzw. über kontaminiertes Material kann das Virus auch über **Zecken** übertragen werden. In einigen Regionen Afrikas ist dies eine typische Übertragungsform, wobei Lederzecken der Gattung *Ornithodoros* effiziente Überträger sind. Dabei zirkuliert das Virus in sog. sylvatischen Zyklen zwischen Zecken und Warzenschweinen und kann dann wieder auf Schweineherden übertragen werden (Bonnet et al. 2020). Im Gegensatz dazu sind die in Europa häufig vorkommenden Zeckenarten wie *Ixodes ricinus* (Gemeiner Holzbock) scheinbar keine geeigneten **Vektoren**. Aus diesem Grund wird in Europa diese Übertragungsform für sehr unwahrscheinlich gehalten (Guinat et al. 2016). Die Bedeutung einer weiteren Insektenart, der Fliege ***Stomoxys calcitrans*** (Wadenstecher), die häufig in Tierställen gefunden wird, ist noch unklar. Diese Fliege ernährt sich von

Blut und kann das Afrikanische Schweinepest-Virus bis zu einem Tag mechanisch übertragen, also durch Kontaminationen an der Körperoberfläche bzw. den Mundwerkzeugen. Außerdem bleibt das Virus ca. 2 Tage in aufgenommenem Blut im Magen der Fliege infektiös. Trotz der unklaren Datenlage wird diese Fliege je nach Bedingungen als Risikofaktor angesehen, der die Ausbreitung der **Afrikanischen Schweinepest** beschleunigen soll (Bonnet et al. 2020).

Grundsätzlich ist die **Afrikanische Schweinepest** nicht neu bei uns. In den späten 1950er Jahren kam die Seuche erstmals nach Europa und breitete sich über mehrere Jahrzehnte in fast ganz Europa aus (Cwynar et al. 2019). Ein Beispiel ist ein Ausbruch in Belgien in den 80er Jahren, der vermutlich über importiertes, kontaminiertes Fleisch verursacht wurde. Von diesem Ausbruch waren ungefähr ein Dutzend Schweine-Betriebe betroffen. Präventiv wurden über 30.000 Tiere auf 60 Betrieben gekeult und die Krankheit basierend auf einem sich anschließenden Screening von über 3000 Betrieben als besiegt erklärt (Biront et al. 1987). Während die Erkrankung in Afrika seit der Entdeckung im frühen 20. Jahrhundert **endemisch** ist, galt sie in den großen europäischen Ländern ab 1995 als ausgerottet. Nach der Jahrhundertwende erschien das Virus aber erstmals wieder 2007 im europanahen Georgien. Von dort breitete es sich weiter westwärts aus und erreichte 2014 Polen. Seitdem ist das Virus in tausenden Wildschweinen nachgewiesen worden. Des Weiteren kam es zu über 200 Ausbrüchen der **Afrikanischen Schweinepest** in Schweinebeständen in Polen (Cwynar et al. 2019). Daneben wurde die Infektionskrankheit 2018 auch bei einem Wildschwein in Belgien nachgewiesen (Sauter-Louis et al. 2020), wobei dies aufgrund der großen Entfernung wahrscheinlich nicht über eingewanderte Wildschweine verursacht wurde. Neben Polen ist auch Rumänien stark betroffen. In diesem Land gab es wie in Polen neben dem Nachweis in zahlreichen Wildschweinen auch Ausbrüche in Schweine-Betrieben. Das **Friedrich-Löffler-Institut** führt eine Übersicht über alle Nachweise in Wildschweinen und Schweinebeständen für die betroffenen europäischen sowie angrenzenden Länder, inklusive Deutschland (FLI 2021b).

In Polen breitete sich die **Infektionskrankheit** erst nach Osten aus. Als die ersten Fälle auch im Westen des Landes gefunden wurden, verschärfte sich die Situation, da hier schwerpunktmäßig die Schweineindustrie lokalisiert ist (Mazur-Panasiuk et al. 2020). Aufgrund der gemeinsamen Grenze zu Polen wurde der Eintrag auch nach Deutschland befürchtet. Es gab einige präventive Maßnahmen wie die Errichtung von mobilen Grenzzäunen, die einen Übertritt von Wildschweinen verhindern sollten. Epidemiologisch spielt ein Fund einige Kilometer links oder rechts von der Landesgrenze keine Rolle, jedoch sind es die **massiven Handelsbeschränkungen,** die zu fürchten sind. Ein positiver Nachweis führt dazu,

Abb. 2.2   Zaun an der deutsch-polnischen Grenze zur Verhinderung des Eintrags der Afrikanischen Schweinepest durch Wildschweine (Bildquelle: Adobe Stock, Dateinr.: 397763172)

egal wie nah an der Grenze, dass das ganze Land als positiv für die **Afrikanische Schweinepest** eingestuft wird. Letztlich wurde trotz präventiver Maßnahmen der Eintrag nicht verhindert und durch ein verstärktes Monitoring in der Grenzregion am 10. September 2020 das erste infizierte Wildschwein in Brandenburg und damit auf deutschem Boden bestätigt. Die **Gensequenz** des ersten Isolats ähnelte der von polnischen Isolaten. Allerdings wird angenommen, dass das Virus bereits im Juli 2020 in Deutschland eingeschleppt wurde (Sauter-Louis et al. 2020). Erst nach der Einschleppung wurde in einigen Regionen mit dem Bau von festen Grenzzäunen begonnen (Abb. 2.2).

Das Ereignis hatte sofortige Konsequenzen. Deutschland ist einer der Hauptexporteure von Schweinefleisch. Neben anderen Ländern erließ China als größter Abnehmer ein **Einfuhrverbot.** In der Folge fielen die Schweinefleischpreise in Deutschland merklich (tagesschau.de 2020). Es blieb aber nicht bei einem Einzelfall. In den Wochen danach wurden viele weitere Wildschwein-Infektionen bestätigt (Sauter-Louis et al. 2020). Obwohl Deutschland über effektive Programme zur **Seuchenabwehr** und -**kontrolle** verfügt, breitete sich die Afrikanische Schweinepest in Brandenburg auch in den Folgemonaten weiter aus. Seit Januar sind bis

Anfang März 2021 fast 400 infizierte Wildschweine bestätigt worden, allerdings noch keine Fälle in kommerziellen Schweineherden (FLI 2021b).

Ein wesentliches Problem ist die Kombination aus Wildschweinen als Träger, dem Krankheitsverlauf und der Stabilität des Virus. Wildschweine können jeden Tag Strecken von 2 bis 10 km zurücklegen und damit zur schnellen Verbreitung führen (Schulz et al. 2019). Infizierte Tiere scheiden das Virus mit verschiedenen Exkreten aus. Die höchste Viruskonzentration liegt im Blut vor. Das Virus findet sich aber auch in geringeren Mengen im Speichel, Urin und Kot (Guinat et al. 2016). Dazu ist das Virus unter verschiedenen Bedingungen enorm stabil. In haltbarem Schinken bleibt das Virus 1 Jahr **infektiös.** Ebenso sind Kadaver von verendeten Wildschweinen eine **Infektionsquelle,** in der das Virus lange infektiös bleibt, im gefrorenen Zustand sogar für Jahre. Daneben scheiden Tiere nach überstandener Erkrankung das Virus noch einige Wochen aus (Mazur-Panasiak et al. 2019; Chenais et al. 2019). Diese hohe Stabilität des Virus hat z. B. auch zum Auftreten des Virus in neuen Regionen geführt, wobei **kontaminierte Fleischprodukte** eine große Rolle spielen (Chenais et al. 2019). Die Erfahrung mit der **Afrikanischen Schweinepest** zeigt, dass die Krankheit in neuen Regionen häufig nicht so einfach „ausgetreten" werden kann, sondern sehr schwierig zu bekämpfen ist. Zum Beispiel wurde der Ausbruch in Belgien in den 1980er Jahren durch Verfütterung von kontaminiertem Fleisch an Hausschweine verursacht, war somit auf Schweine-Betriebe beschränkt und damit eher „isolierbar". Im Gegensatz dazu ist die Situation sehr schwierig zu kontrollieren, wenn das Virus in der **Wildschweinpopulation** zirkuliert. Aus diesem Grund und den weiter möglichen erneuten Einträgen aus Nachbarstaaten wird diese Infektionskrankheit vermutlich auch in den nächsten Jahren eine ständige Gefahr für Deutschland darstellen, obwohl aktives und passives Monitoring stark ausgeweitet wurden.

Zoonosen: Vogelgrippe, Borna-Krankheit und COVID-19

3

3.1 Vogelgrippe

Die **Vogelgrippe** ist eine bedeutsame Viruserkrankung von Wildvögeln und Geflügel in der Nutztierhaltung, wird von **Influenza A-Viren** verursacht und kann zu größten wirtschaftlichen Schäden in der Geflügel-Industrie führen. Influenza A-Viren werden vereinfacht durch die Zusammensetzung von zwei Oberflächenproteinen des Viruspartikels charakterisiert, dem Hämagglutinin (H) und der Neuraminidase (N) (Abb. 3.1). Es gibt 18 H-Typen und 11 N-Typen, die in Kombination miteinander auftreten können, z. B. H5N1 oder H7N9. Die meisten dieser Typen kommen auch bei Vögeln vor (Webster und Govorkova 2014). Anhand dieser Zusammensetzung lässt sich aber nicht ableiten, wie pathogen ein Virus-Subtyp ist. Es gibt niedrig pathogene (engl. LPAI für low pathogenic avian influenza) und hoch pathogene (engl. HPAI für highly pathogenic avian influenza) Virustypen. Die hochpathogenen Typen verursachen die sog. Vogelgrippe, die auch als **Geflügelpest** bezeichnet wird. Zu Beginn dieses Jahrhunderts war der gefürchtetste Vogelgrippe-Erreger ein Influenza A-Stamm vom Typ **H5N1** (Webster und Govorkova 2014). Der erste große Ausbruch dieses H5N1-Subtypes trat 1997 in Hong Kong auf, gefolgt von massiven Maßnahmen zur Seuchenbekämpfung inklusive der Keulung aller Bestände. Nach einigen Jahren lag dieser Subtyp erneut vor, ab Mitte der 2000er Jahre auch in einigen europäischen Ländern (Sellwood et al. 2007). Dieser Subtyp hat ein gewisses zoonotisches Potenzial, wobei der Sprung auf den Menschen nur bei engem Kontakt auftreten kann (Tierpflege oder Verarbeitung infizierter Tiere oder Keulung von infizierten Beständen). Trotzdem ist dieser Subtyp nicht gut an den Menschen angepasst und es gab

P. U. B. Vogel und G. A. Schaub., *Neue Infektionskrankheiten in Deutschland und Europa*, essentials, https://doi.org/10.1007/978-3-658-34148-0_3

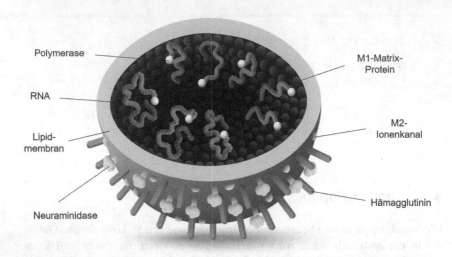

Polymerase

RNA

Lipid-
membran

Neuraminidase

M1-Matrix-
Protein

M2-
Ionenkanal

Hämagglutinin

Abb. 3.1 Schematischer Querschnitt zum Aufbau eines Influenza A-Virus mit wichtigen Proteinen (Bildquelle: Adobe Stock, Dateinr.: 68969046, modifiziert)

keine effiziente Mensch-zu-Mensch-Übertragung. Weltweit sind ca. 850 menschliche Infektionen mit diesem H5N1-Typ bekannt mit einer **Fallsterblichkeitsrate** von über 50 %, allerdings keine in Deutschland (RKI 2021).

Influenza A-Viren verändern sich ständig durch verschiedene genetische Mechanismen. Ein wichtiger Mechanismus ist das sog. **Reassortment** (Bouvier und Palese 2008). Dieser Mechanismus basiert auf dem Prinzip, dass das **Virusgenom** von Influenza-Viren aus verschiedenen RNA-Strängen besteht, die jeweils für bestimmte Proteine kodieren (Abb. 3.1). Sofern sich zwei verschiedene Influenza-Viren in einem Individuum in den gleichen Zellen vermehren, werden die RNA-Stränge beider Typen gebildet. Hierbei kann es aufgrund der fehlerhaften Verpackung von neuen **Viruspartikeln** zu einem Austausch von RNA-Strängen kommen, das sog. Reassortment. Dies ist ein typischer Mechanismus, durch den spontan Influenza-Subtypen mit neuen Eigenschaften entstehen können. Der **H5N1**-Subtyp ist ebenfalls durch Reassortment entstanden (Webster und Govorkova 2014). Die Bedeutung dieses Subtyps ist jedoch in den letzten Jahren in Europa stark zurückgegangen. Mittlerweile gibt es aber verschiedene neue Influenza A-Subtypen, die eine **Geflügelpest** verursachen können. Diese basieren meist auf **H5** in Kombination mit verschiedenen N-Typen. In den letzten

15 Jahren haben verschiedene von diesen neuen Subtypen Ausbrüche verursacht (Verhagen et al. 2021).

Diese Viren schleppen häufig **Zugvögel** ein, die in Abhängigkeit von der Jahreszeit große Strecken zurücklegen, um ihren Brut- bzw. Lebensraum zu erreichen. Durch dieses Verhalten stellen sie ideale Verteiler für Viren inklusive **Influenza-Viren** dar. Während der Rast oder der Rückkehr können sie die Viren auf Wildvögel übertragen und diese wiederum vereinzelt auf Nutztierbestände (Globig et al. 2018). Daneben gibt es noch andere Möglichkeiten des Eintrags, wie z. B. durch illegalen Tierhandel, Tiertransporte usw.

2014 wurde ein neuer Stamm entdeckt, der u. a. durch Reassortment aus dem **H5N1**-Subtyp entstanden ist. Nach der Ausbreitung dieses **H5N8**-Typs u. a. in China gab es Ende 2014 die ersten Ausbrüche in Europa, darunter auch in Deutschland. Der genaue Weg des Eintrags ist unklar, jedoch könnte neben den oben genannten Ursachen auch eine ungewöhnliche Kälte in Russland im Jahr 2014 viele Vögel nach Westen gedrängt haben, die das Virus einschleppten (Adlhoch et al. 2014). Die besondere Gefahr der H5-Typen besteht darin, dass sie als niedrig pathogene Varianten in Geflügel zirkulieren, sich jedoch schnell zu hochpathogenen Typen entwickeln können (Verhagen et al. 2021).

Die staatlichen Maßnahmen im Fall eines Nachweises der **Geflügelpest** sind erheblich und umfassen die Einrichtung einer **Sperrzone** sowie eine Begrenzung der Mobilität in dieser Zone und zu anderen Bereichen. Des Weiteren werden prophylaktisch die betroffenen Geflügelbestände gekeult. Beim Geflügel ist die Gefahr der schnellen Ausbreitung aufgrund der hohen Bestandsdichte besonders groß (Abb. 3.2). Die drakonischen Maßnahmen sind notwendig, da sich die Geflügelpest ansonsten rasend schnell ausbreiten würde und somit eine Gefahr für die Nutztierhaltung insgesamt, aber auch für den Menschen darstellen würde. Es gibt bislang nur wenige Fälle des Übersprungs auf den Menschen. Diese verliefen jedoch zu einem hohen Anteil tödlich. Die Influenza A-Subtypen, die gut an den Menschen angepasst und vielerorts endemisch sind, beschränken sich auf H1N1, H2N2 und H3N2 (Uyeki et al. 2019).

In früheren Zeiten waren Ausbrüche von hochpathogenen **Influenza A**-Stämmen eher auf Geflügelbestände und auch geografisch beschränkt, ohne dass Wildvögel eine wesentliche Rolle spielten. Diese Situation hat sich in den letzten Jahren und Jahrzehnten verändert. Heutzutage birgt der Kontakt von Geflügelbeständen zu Wildvögeln bereits ein größeres Risiko (Globig et al. 2018; Verhagen et al. 2021).

Die bedeutsamste **Geflügelpest-Epidemie** in der Geschichte Deutschlands trat 2016/2017 auf. Es gab über 1000 Nachweise von hochpathogenen Influenza A-Varianten, hauptsächlich H5N8 über Deutschland verteilt. In dieser Periode

Abb. 3.2 Legehennen in der Nutztierhaltung. (Bildquelle: Adobe Stock, Dateinr.: 199602338)

kam es zu über 100 Ausbrüchen in Geflügelbeständen in der Nutztierhaltung oder in Zoos. Der Erreger breitete sich von Russland über Ungarn und Polen nach Deutschland aus (Globig et al. 2018). Diese Epidemie wurde sehr wahrscheinlich nicht durch ein einzelnes Eintragsereignis, sondern durch wiederholte Einträge verursacht. Es war bei dieser Epidemie auch kein homogener Virus-Subtyp beteiligt, sondern mehrere durch **Reassortment** entstandene Influenza A-Typen (Pohlmann et al. 2018).

Auch wenn die Situation in Europa in den letzten Jahren etwas ruhiger ausgefallen ist, bleibt die Lage angespannt. In einem 3-Monatsintervall (Feb.–Mai) lagen 2020 in Europa 290 Ausbrüche von hochpathogenen Vogelgrippe-Erregern vor. Die Ausbrüche ereigneten sich vorwiegend in Ungarn; es gab jedoch vereinzelt auch Fälle in Deutschland. In den meisten Fällen wurde der Subtyp **H5N8** identifiziert (European Food Safety Authority et al. 2020). In den ersten Jahren ging von den **H5N8-Subtypen** kein zoonotisches Potenzial aus, d. h. dass diese Stämme nicht auf den Menschen übergesprungen sind (Globig et al. 2018). Dies liegt vermutlich daran, dass diese Virus-Subtypen von der Rezeptorspezifität der Wirtszellen nicht gut zum Menschen passen (Adlhoch et al. 2014). Allerdings fanden sich Ende 2020 einige Fälle menschlicher Erkrankungen ausgehend von einem H5N8-Subtyp in Russland (RKI 2021). Bei den neueren zirkulierenden H5-Typen gibt es neben **H5N1** nur **H5N6,** der in Einzelfällen schwerwiegende Verläufe beim Menschen in China verursachte (Uyeki et al. 2019). Dieser Typ ist seit Anfang 2018 ganz selten in Deutschland bei Vögeln gefunden worden (RKI 2021).

Ein aktuelles Beispiel für die **Geflügelpest** ist Schleswig-Holstein, das in Deutschland als besonderer Hotspot angesehen wird, da es besonders häufig Überfluggebiet bzw. Anlaufstelle von Zugvögeln ist. Im Kreis Plön mussten im März 2021 bereits knapp 80.000 Legehennen gekeult werden, da im Bestand die Geflügelpest nachgewiesen wurde, die durch ein **Influenza A-Virus** vom Typ **H5N8** verursacht wurde (NDR 2021). Des Weiteren gibt es neue Influenza A-Subtypen, die auch für den Menschen gefährlich werden können und eine hohe Fallsterblichkeitsrate aufweisen, wie z. B. das in China gefundene **H7N9** (RKI 2021). Diese Varianten spielen bisher in Deutschland keine Rolle.

3.2   Die Borna-Krankheit: Sehr selten und immer tödlich?

Die **Borna-Krankheit** ist eine sehr seltene zoonotische Infektionskrankheit, die weltweit auftritt, u. a. auch in Deutschland und anderen europäischen Staaten. Die Krankheit ist nicht auf eine bestimmte Spezies beschränkt. Es können neben Pferden und Menschen auch z. B. Schafe und Rinder befallen werden (Ludwig und Bode 2000). Die Krankheit wird durch das **Borna-Virus** verursacht, ein behülltes RNA-Virus. Die menschliche Erkrankung manifestiert sich u. a. in einer Hirnhautentzündung und kann tödlich verlaufen, betrifft jedoch vor allem Menschen, deren Immunsystem geschwächt ist. Die Krankheitssymptome werden nicht durch die Vermehrung des Virus verursacht, sondern durch eine bestimmte, zu starke Immunantwort (Richt et al. 1997).

Auch wenn zu dieser Erkrankung kurioserweise erst seit Mitte der 90er Jahre häufiger in wissenschaftlichen Journalen publiziert wird, ist die **Borna-Krankheit** gar nicht so neu. Erstmalig fiel die Erkrankung 1885 auf, als eine große Anzahl von Pferden in der Stadt Borna in Sachsen starb. Zu dieser Zeit war der Erreger allerdings unbekannt (Richt et al. 1997). Die Borna-Krankheit ist nicht die einzige virale Infektionskrankheit beim Pferd, die neurologische Schäden verursacht. Diese Krankheit reiht sich ein in eine ganze Riege von seltenen bzw. noch selteren Infektionskrankheiten, die das Zentralnervensystem betreffen, wie z. B. Tollwut, Pferde-Herpes oder auch das in Abschn. 6.3 besprochene **West-Nil-Fieber** (Lecollinet et al. 2020). Die erhöhte Aufmerksamkeit ging auch mit der

Verbesserung im diagnostischen Bereich einher. Auch in Österreich wurden in den letzten Jahren einige Fälle bekannt, in denen Pferde nachweislich der Erkrankung zum Opfer fielen (Weissenböck et al. 2017).

Die **Borna-Krankheit** wurde als überwiegend tödlich verlaufende Zoonose eingestuft. Allerdings soll auch eine große Anzahl von seropositiven Personen vorliegen (Rubbenstroth et al. 2020). Deswegen gab es Vermutungen, dass bereits viele Menschen in Kontakt mit dem Erreger gekommen sind, also die hohe angenommene Fallsterblichkeit aufgrund des Fokus auf klinische schwere Fälle überschätzt wird. Eine breit angelegte Studie in Süddeutschland ergab jedoch eine niedrige Seroprävalenz (Tappe et al. 2019).

Epidemiologen und Mediziner interessieren sich wie so oft in solchen Fällen für die Quelle und die Übertragung. Hier geht es um die Frage, wie das Virus auf Pferde oder Menschen übertragen wird. Eine Studie in der Schweiz identifizierte Spitzmäuse als ein **Reservoir** (Hilbe et al. 2006). Unter Reservoir versteht man in der Biologie eine Tierart (oder den Menschen), die den Erreger meist asymptomatisch in sich trägt und ihn bei Kontakt mit anderen Spezies weitergeben kann. Dabei ist der genaue **Übertragungsmechanismus** noch nicht vollständig geklärt. Allerdings gibt es Daten, die eine Infektion über die Nasenschleimhäute nahelegen (z. B. nach Einatmen), gefolgt von **Virusreplikationen** in Neuronen des olfaktorischen Systems und der Migration zum Zentralnervensystem (Kupke et al. 2019).

3.3   COVID-19

Im Dezember 2019 gab es in der Millionen-Metropole Wuhan in China die ersten Patienten, die eine neue ungewöhnliche Lungenkrankheit aufwiesen (Xu et al. 2020). Anfang Januar wurde ein neues **Coronavirus** als Ursache nachgewiesen, **SARS-CoV-2.** Das Virus breitete sich mit einer hohen Geschwindigkeit auf der ganzen Welt aus. Zum Zeitpunkt des Schreibens dieses Buchs (Stand 18.05.2021) waren weltweit über 163 Mio. Infektionen labordiagnostisch bestätigt, mit ca. 3,4 Mio. Todesfällen (CSSE 2021).

Es sind insgesamt sieben **humane Coronaviren** bekannt. Vier dieser Coronaviren (bezeichnet als 229E, NL63, HKU1 und OC63) kommen weltweit vor und verursachen in der kalten Jahreszeit typische Erkältungskrankheiten, die jedoch für immungeschwächte Personen gefährlich werden können. Diese Coronaviren führen in dieser Jahreszeit dann zu ca. 15 % aller Erkältungskrankheiten (Kahn und McIntosh 2005; Greenberg 2016). Die ersten humanen Coronaviren wurden in den 1960er Jahren entdeckt (Kahn und McIntosh 2005). Molekularbiologische

Analysen weisen jedoch daraufhin, dass einige Coronaviren bereits vor mehreren hundert Jahren auf den Menschen übertragen wurden und seitdem in unserer Population zirkulieren. Der letzte dieser 4 Typen soll gegen Ende des 19. Jahrhunderts auf den Menschen übergesprungen sein (Graham et al. 2013). Allerdings sind zwei dieser Typen erst nach der **SARS-Pandemie** durch die verbesserte Coronavirus-Diagnostik entdeckt worden.

Daneben gibt es drei weitere **Coronaviren,** die erst nach der Jahrhundertwende von Tieren auf den Menschen übertragen bzw. identifiziert wurden. Die von ihnen verursachten Krankheiten hatten bzw. haben wegen der hohen Sterblichkeitsrate eine besondere medizinische Bedeutung. Das **schwere akute Atemwegssyndroms (SARS)** trat erstmalig im November Jahr 2002 in China auf. Es führte zu 8096 Fällen mit 774 Toten (WHO 2004). Damals waren Coronaviren als schwere Krankheitserreger beim Menschen unbekannt, und es dauerte einige Zeit, bis ein Coronavirus als Ursache für SARS identifiziert wurde (Drosten et al. 2003). Die nächste durch Coronaviren verursachte schwere Infektionskrankheit war das **Middle East Respiratory Syndrom (MERS),** das erstmalig 2012 beschrieben wurde (Zaki et al. 2012). MERS ist eine konstante Gefahr, da das Virus massiv in Dromedaren (einhöckrige Kamele) zirkuliert und immer wieder sporadisch auf den Menschen übertragen wird. Insgesamt sind mittlerweile über 2500 MERS-Fälle beim Menschen bekannt (WHO 2020). Die Fallsterblichkeitsrate ist sogar noch höher als bei SARS, mit derzeit 34,3 % (WHO 2020). Allerdings waren bzw. sind diese beiden Coronaviren nicht mit **SARS-CoV-2** vergleichbar, da die Mensch-zu-Mensch-Übertragung deutlich weniger effizient war. Aus diesem Grund hielten bzw. halten sich die gesundheitlichen Folgen dieser Erkrankungen im Gegensatz zu **COVID-19** in Grenzen.

Ein wesentlicher Aspekt, der **COVID-19** geholfen hat, die effizienten Maßnahmen der **Seuchenbekämpfung** (Identifizierung von Virusträgern, Isolierung und Kontaktnachverfolgung) zu überwinden, war das breite Spektrum von subklinischen und klinischen Verläufen. Auf der einen Seite führt diese Erkrankung bei Risikogruppen wie älteren Personen oder Menschen mit Vorerkrankungen teils zu schweren bis zu tödlichen Verläufen. Auf der anderen Seite gibt es einen hohen Anteil von Menschen, bei denen die Erkrankung **subklinisch,** also unerkannt oder wie eine gewöhnliche Erkältung verläuft. Eine sich ausbreitende Seuche lässt sich am Anfang nur dann mit den klassischen Mitteln der Seuchenbekämpfung effizient eindämmen, wenn infizierte Personen erkannt werden. Subklinische Infektionen laufen unter dem Radar ab und führen weder zu einer Meldung beim Gesundheitsamt noch zu labordiagnostischen Überprüfungen und damit auch nicht zur Isolierung. Hierdurch können unerkannte Infektionsketten entstehen. Das ist ein großer Unterschied zu anderen Infektionskrankheiten, bei denen die klassische Seuchenbekämpfung gut funktioniert. **SARS**- und **Ebola**-Patienten waren durch eine deutlich stärkere und homogenere klinische Symptomatik gekennzeichnet, auch wenn subklinische Verläufe auftreten konnten bzw. können (Wilder-Smith et al. 2005; Kuhn und Bavari 2017). Dies vereinfachte die Erkennung und frühe Isolierung von infizierten Personen. Außerdem wurden bzw. werden diese Viren weniger effizient übertragen.

Ein weiteres besonderes Phänomen von **COVID-19** ist die ungewöhnlich hohe Rate von langwierigen Komplikationen nach Genesung. Die Spätfolgen werden als **Long Covid** bzw. **Post-COVID-Syndrom** zusammengefasst. Zu diesen Spätfolgen zählen u. a. Kurzatmigkeit, Erschöpfung, Brust- oder Gelenkschmerzen oder Depressionen. Einige COVID-19-Patienten aus Wuhan erlebten Langzeitfolgen über 6 Monate lang (The Lancet 2020a). Ein ähnliches Bild ergab das Monitoring von über 100 Patienten in Israel, die eine milde COVID-19-Erkrankung durchlaufen hatten. 6 Monate nach der Genesung berichteten knapp die Hälfte der Personen über Folgesymptome von Erschöpfung über eine Beeinträchtigung des Geruchs- und Tastsinns bis hin zu Schwierigkeiten beim Atmen (Klein et al. 2021). Dies ist besonders bedenklich, da selbst milde Verläufe nicht von Spätfolgen ausgenommen sind. Neben den genannten Langzeitsymptomen sind gerade die neurologischen Schäden durch COVID-19 Objekt intensiver Forschung. Es wird derzeit untersucht, ob COVID-19 auch z. B. **Autoimmunkrankheiten** des Zentralnervensystems oder neurodegenerative Erkrankungen wie **Alzheimer** auslösen kann (Wang et al. 2020). Aus heutiger Sicht wirft die eher ungewöhnliche Häufung von Langzeitfolgen die Frage auf, ob COVID-19 wirklich so einzigartig ist oder ob dies auch bei anderen schweren Infektionskrankheiten beobachtet wurde. Interessanterweise weisen historische Daten darauf hin, dass auch andere Epidemien und Pandemien mit schweren neurologischen Spätfolgen assoziiert gewesen sein könnten, wie z. B. die **Spanische Grippe** oder **Diphtherie** (Stefano 2021). Letztlich wird es noch einige Zeit dauern, bis sich durch die Nachverfolgung von COVID-19-Patienten und die intensive Erforschung der molekularen Grundlagen und der Pathogenese das volle Bild von Long Covid zeigt.

Derzeit sieht es aus, als ob die **COVID-19-Pandemie,** die bisher durch fast weltweite Lockdown-Maßnahmen in Schach gehalten wurde, durch den weltweiten Einsatz von Impfstoffen und massiven Testungen unter Kontrolle gebracht werden kann. Es gibt auch in der EU bereits mehrere verschiedene **Impfstoffe,** die eine Zulassung erhalten haben und erfolgreich eingesetzt werden (Vogel 2021). Trotz dieses enormen Erfolgs sind die Schäden bereits jetzt erheblich, ganz zu schweigen von der Tatsache, dass COVID-19 in bestimmten Regionen noch einige Zeit wüten wird, bevor alle Menschen geimpft sind. Der volle Umfang und die Nachwirkungen dieser gesundheitlichen, sozialen, wirtschaftlichen und politischen Schäden werden sich wahrscheinlich erst in Jahren zeigen, von vielleicht noch unbekannten Folgeschäden einer COVID-19-Erkrankung über psychische Auswirkungen der Kontaktbeschränkungen bis hin zu verschleppten Insolvenzen oder gefährlichen politischen Machtverschiebungen.

Die Ursache der **COVID-19-Pandemie** ist besonders wichtig hinsichtlich der Frage, ob und wie wir uns vor zukünftigen Coronavirus-Pandemien schützen können. Frühzeitig wurde von der chinesischen Regierung eine Übertragung von Fledermäusen auf Menschen angenommen. Das Virusgenom von **SARS-CoV-2** wies eine Sequenzidentität von 96.2 % zu einem Coronavirus aus Fledermäusen in der Region auf (Guo et al. 2020; Yuen et al. 2020). Die Vermutung ist naheliegend und wird aktuell auch von einer WHO-Kommission unterstützt, wobei aber vermutlich nach der Fledermaus ein weiterer Wirt zur Infektion der Menschen führte (Maxmen 2021). Im Nachgang der **SARS-Pandemie** wurde die zentrale Bedeutung von Fledermäusen für die Entstehung neuer humanpathogener Coronaviren erkannt. Basierend auf Sequenzanalysen wird angenommen, dass alle bekannten humanen Coronaviren entweder in Fledermäusen bzw. Nagetieren entstanden sind, vermutlich mit teils direkter Übertragung auf den Menschen bzw. mit zwischengeschalteten anderen Tieren als sog. intermediäre Wirte (Corman et al. 2018). Allerdings liegen bei den in Fledermäusen gefundenen Viren erhebliche Abweichungen zur Sequenz von SARS-CoV-2 vor (Ye et al. 2020). Eine weiter gefasste genetische Analyse legt nahe, dass SARS-CoV-2 in einem anderen Gebiet entstand und durch Transport zu dem Tiermarkt in Wuhan gelangte (Harapan et al. 2020). Bestimmte Schuppentiere wie Pangoline wurden als Zwischenüberträger vermutet (Guo et al. 2020), obwohl die Coronavirus-Sequenzidentität dieser Tiere sogar noch niedriger als bei Fledermäusen ist (Ye et al. 2020). Dazu kommt, dass in der Frühphase des Ausbruchs auch Personen positiv getestet wurden, die keine Verbindungen zu dem Tiermarkt hatten (Peeri et al. 2020). Insgesamt zeigen diese Untersuchungen, dass die Aufklärung von **Spillover-Ereignissen** häufig der Suche „nach der Nadel im Heuhaufen" gleicht.

Neben der **biologischen Ursache** müssen auch politische und kulturelle Faktoren berücksichtigt werden. Die chinesische Regierung wurde bei **SARS** erheblich für ihre ungenügende und intransparente Kommunikation kritisiert. Nach der initialen Meldung erhielt die WHO von der chinesischen Regierung erst Monate später im März 2003 weitere Informationen (Peeri et al. 2020). Zu diesem Zeitpunkt hatte sich SARS bereits auf viele Länder ausgebreitet (Gillim-Ross and Subbarao 2006). Auch wenn die Sequenz von **SARS-CoV-2** sehr früh im Januar bereitgestellt wurde, kam es trotzdem in China zur Inhaftierung von Gesundheitspersonal, das vor dieser neuen Krankheit warnte (The Lancet 2020b). Beim

Risiko der Entstehung von neuen **Zoonosen** müssen auch allgemeine kulturelle Praktiken berücksichtigt werden. Handel mit Lebendtieren und Wildtieren auf Märkten hat u. a. in China eine lange Tradition (Peeri et al. 2020; Abb. 3.3). Dabei ist das Risiko von zoonotischen **Spillover**-Ereignissen nicht auf **Coronaviren** beschränkt. Die Übertragung von Vogelgrippe-Erregern wie H5N1 und H7N9 auf den Menschen mit häufig tödlichem Verlauf ist ebenfalls von diesen Märkten bekannt (Morens et al. 2020). Der Vorschlag, diese Märkte zu schließen, hat keine großen Erfolgsaussichten, da diese Tradition kulturell tief verwurzelt ist und das Einkommen von vielen Familien hiervon abhängt (Peeri et al. 2020). Bestimmte kulturelle Gewohnheiten haben z. B. auch die Eindämmung der Ebola-Epidemie von 2013 – 2016 behindert (Vogel und Schaub 2021). Allerdings könnte vielleicht das fortschreitende Eindringen der Nutztierindustrie in Wildtierhabitate durch internationale Abkommen und Finanzierungshilfen gestoppt werden. Dies ist sicher ein Faktor, der in Zukunft die „Taktzahl" von neuen Spillover-Ereignissen reduzieren würde. Außerdem könnte ein intensives regelmäßiges Serum-Monitoring von Arbeitern dieser Märkte oder landwirtschaftlichen Betrieben helfen, neue potenziell pandemische Virusvarianten frühzeitig zu erkennen.

Abb. 3.3　Lebendmarkt in China. (Bildquelle: Adobe Stock, Dateinr.: 318222444)

Mücken – Arten, Biologie und Epidemiologie

4

4.1 Einheimische Arten: Gnitzen und Gemeine Stechmücke

In Europa gibt es tausende Arten von verschiedenen Fluginsekten der Ordnung der Zweiflügler (Diptera). Die **Mücken** stellen eine Unterordnung (Nematocera) mit über 40 Familien dar. Der Begriff Familie stammt aus der biologischen Systematik und bezeichnet eine Gruppe mit gleichen Stammwurzeln, deren Mitglieder sich jedoch phänotypisch deutlich unterscheiden können. In der Systematik werden die Tiere den Ebenen Ordnung, Familie, Gattung und Art zugeordnet. Zum Beispiel gehört die in Deutschland besonders stark verbreitete **Gemeine Stechmücke** *(Culex pipiens)* zur gleichen Familie (Culicidae) wie die Art *Anopheles gambiae,* einem der effizientesten Überträger der Malaria. Allerdings gehören sie zu verschiedenen Gattungen (*Culex* vs. *Anopheles*) und weisen auch Unterschiede in ihrer Biologie auf (Aussehen, Fortpflanzung, Habitate, Wirtspräferenz usw.). Von den über 40 Familien der Mücken finden zwei in diesem Essential besondere Berücksichtigung, da sie an der Übertragung der hier vorgestellten Infektionskrankheiten beteiligt sind. Das sind die **Gnitzen** (Familie Ceratopogonidae) und die **Stechmücken** (Familie Culicidae).

Es werden zwei verschiedenen Mechanismen unterschieden, über die eine Übertragung durch Mücken erfolgen kann. Bei der mechanischen Übertragung wird z. B. die Oberfläche des Insekts mit dem Erreger kontaminiert und über Kontakt auf den nächsten Wirt übertragen. Dies wird z. B. bei der **Afrikanischen Schweinepest** (Kap. 2) vermutet. Bei **Arboviren** ist dieser Mechanismus unbedeutend. Hierbei werden die Erreger aktiv durch die Mücken übertragen. Die Fähigkeit zur aktiven Übertragung eines Virus oder anderer Organismen wie Parasiten wird **Vektorkompetenz** genannt. Die Frage, ob eine bestimmte

© Der/die Autor(en), exklusiv lizenziert durch Springer Fachmedien Wiesbaden GmbH, ein Teil von Springer Nature 2021
P. U. B. Vogel und G. A. Schaub., *Neue Infektionskrankheiten in Deutschland und Europa,* essentials, https://doi.org/10.1007/978-3-658-34148-0_4

Mückenart ein Virus übertragen kann, hängt von vielen Faktoren ab. Beim einfachsten Beispiel muss das Virus fähig sein, sich in der Mücke zu etablieren und vermehren, d. h. aktiv in Zellen des Darms der Mücke eindringen und sich in diesen vermehren. Weiterhin müssen sich diese Viren im Mückenkörper ausbreiten und in die **Speicheldrüsen** gelangen. Nur dann kann eine Mücke die Viren bei der nächsten Blutmahlzeit mit dem Speichel in die Wunde injizieren. Nach einer solchen Infektion muss sich das Virus dann stark im neuen Wirt vermehren können und im Blut vorliegen, um von der nächsten Mücke aufgenommen werden zu können. Nur wenn diese zwei Voraussetzungen erfüllt sind, kann es zu effizienten Mücke-Mensch-Mücke-Übertragungszyklen kommen (Abb. 4.1). Allerdings gibt es weitere Faktoren wie z. B. die Umgebungstemperatur, die auf die Übertragungsfähigkeit Einfluss hat (Vogels et al. 2016). Das Wissen über die **Vektorkompetenz** von bestimmten Mückenarten für bestimmte Viren ist noch unvollständig und eine Übertragungsfähigkeit wird häufig angenommen, ohne dass dies wirklich bewiesen ist (Sick et al. 2019).

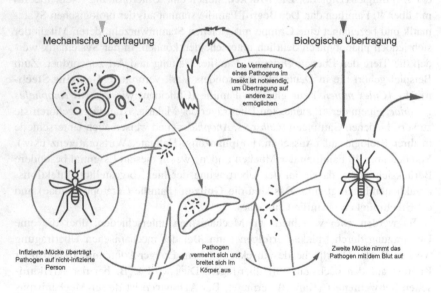

Mechanische Übertragung

Die Vermehrung eines Pathogens im Insekt ist notwendig, um Übertragung auf andere zu ermöglichen

Biologische Übertragung

Infizierte Mücke überträgt Pathogen auf nicht-infizierte Person

Pathogen vermehrt sich und breitet sich im Körper aus

Zweite Mücke nimmt das Pathogen mit dem Blut auf

Abb. 4.1 Übertragungsmechanismen von Infektionskrankheiten durch Insektenvektoren. (Bildquelle: Adobe Stock, Dateinr.: 353858026, modifiziert)

Gnitzen sind eine Familie (Ceratopogonidae), denen eine besondere Rolle bei der Übertragung von Infektionskrankheiten zukommt, vor allem bei Tieren. Diese Mücken sind ebenfalls in Deutschland und Europa weit verbreitet. Bei einem Gnitzen-Monitoring in Europa während des Ausbruchs der **Blauzungen-Krankheit** in den Jahren 2006–2009 fanden sich Gnitzen in allen Klimazonen der Schweiz (Kaufmann et al. 2009).

Gnitzen sind sehr kleine Mücken mit einer Größe von 1–3 mm (Ayllón et al. 2014). Sie können getragen vom Wind recht große Strecken von 0,9–1,5 km pro Tag zurücklegen (Endalew et al. 2019). Gnitzen entwickeln sich ähnlich wie Stechmücken vom Ei über Larven (4 Larvenstadien) und Puppe bis zum adulten Insekt, wobei die temperaturabhängige Entwicklung einige Wochen dauert. Gnitzen sind mit einer Lebensdauer von 10s–20 Tagen recht kurzlebig (Sick et al. 2019). Die Biologie von Gnitzen ist weniger erforscht als z. B. die von *Anopheles*-Stechmücken, die u.a. die Malaria-Erreger übertragen. In den letzten Jahren haben Wissenschaftler jedoch ein etwas klareres Bild bezüglich des Aktivitätsmusters und der Präferenz für bestimmte Wirte erlangt. Bestimmte Gnitzen-Arten finden sich abhängig von der Temperatur ab Mitte März vermehrt und haben eine deutlich höhere Präferenz für Rinder als z. B. für Pferde, werden also in **Rinderherden** viel häufiger gefunden (Kameke et al. 2017). Gnitzen sind vorwiegend im Morgengrauen und beim Sonnenuntergang aktiv, tagsüber kaum (Ayllón et al. 2014). Zu diesen Aktivitätsspitzen kommen sie häufig in großen Schwärmen vor (Abb. 4.2).

Die Frage, warum sich **Gnitzen** in bestimmten Regionen bevorzugt ansiedeln, ist noch unklar. Praktiken der Dung-Lagerung sollen einen Einfluss auf das Vorkommen von Gnitzen haben (Werner et al. 2020). Obwohl Gnitzen auch als Überträger anderer veterinärmedizinischer Erkrankungen bekannt sind, muss der Mensch sie nicht fürchten. Allerdings können sie schmerzhafte Wunden verursachen (Abb. 4.3). In der Familie der Gnitzen sind es vor allem die Vertreter der Gattung *Culicoides,* denen eine besondere Bedeutung bei der Übertragung von **Arboviren** zugeschrieben wird. Allerdings lassen sich die europäischen Arten im Labor nicht untersuchen, da sie sich unter Laborbedingungen nicht vermehren (Sick et al. 2019).

Die **Gemeine Stechmücke** *(Culex pipiens)* gehört zur Familie der Culicidae und ist je nach Gebiet eine der häufigsten Stechmücken in Deutschland. Die Art kommt in zwei Biotypen (*C. pipiens* Biotyp *pipiens* bzw. *molestus*) vor. Die zwei äußerlich kaum unterscheidbaren Biotypen unterscheiden sich in vielen Aspekten, z. B. in den Brutstätten, der **Wirtspräferenz** (*pipiens* bevorzugt Vögel, *molestus* u. a. Menschen) und der Art zu überwintern, also weiter aktiv zu sein oder in eine Ruhephase zu gehen (Koenraadt et al. 2019). Daneben ist die Art *Culex torrentium*

Abb. 4.2 Gnitzen-Schwarm, der Hochland-Kühe auf der Weide befällt. (Bildquelle: Adobe Stock, Dateinr.: 167907070)

in Deutschland ebenfalls weit verbreitet (Becker et al. 2012). Diese Arten werden auch häufig in Wohnungen gefunden. Diese Mücken sind mit ca. 5 mm relativ klein und zeichnen sich durch besonders lange Beine aus (Abb. 4.4). Wie bei fast allen Stechmücken-Arten ernähren sich nur die Weibchen überwiegend von Blut. Dazu haben sie sog. stechend-saugende Mundwerkzeuge, also einen Stechrüssel, dessen innere Teile die Haut durchstechen, um Blut aufzusaugen. Die Weibchen brauchen die **Blutmahlzeit** für die Fortpflanzung. Sie legen dann mehrere hundert Eier auf bzw. an Wasseroberflächen ab. Die gesamte Entwicklung (Ei, Larven, Puppe) bis hin zur adulten Mücke hängt von der Temperatur ab und dauert im Durchschnitt ca. 3 Wochen.

Trotz des zuvor genannten limitierten Wissens um die Vektorkompetenz, gibt es hierzu in den letzten Jahren immer mehr wissenschaftliche Studien. Zum Beispiel sind zwei *Culex*-Arten, *Culex pipiens* und *Culex torrentium* in Deutschland für Infektionen mit dem **West-Nil-Virus** empfänglich (siehe Abschn. 6.3) und vermutlich auch in der Lage, dieses zu übertragen (Leggewie et al. 2016; Jansen et al. 2019). Die gleichen Arten sind in Deutschland auch fähig, das **Usutu-Virus** zu übertragen, da bei 25 °C 2–3 Wochen nach experimenteller Infektion das Virus im Speichel vorlag (Holicki et al. 2020). Das Usuta-Virus

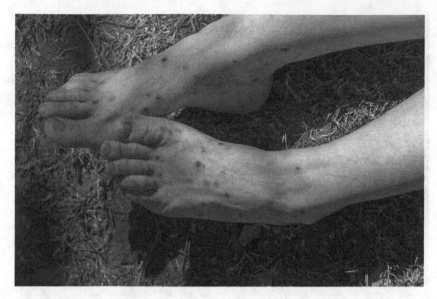

Abb. 4.3 Zahlreiche schmerzhafte Gnitzen-Stiche. (Bildquelle: Adobe Stock, Dateinr.: 262660432)

ist ein weiteres in diesem Essential nicht näher erläutertes **Arbovirus,** welches in Zukunft stärkere Aufmerksamkeit bekommen könnte. Auch *Culex tarsalis* erlaubt eine effiziente Vermehrung des West-Nil-Virus (Dunphy et al. 2019). Ebenso deuten Fütterungsversuche mit *Culex quinquefasciatus* auf eine wahrscheinliche Übertragungsfähigkeit vom West-Nil-Virus hin (McMillian et al. 2019).

4.2   Invasive Arten: Asiatische Tigermücke

Ebenfalls zur Familie der Stechmücken (Culicidae) gehört die **Asiatische Tiger-mücke** *(Aedes albopictus).* Diese Stechmücke wird mit bis zu 10 mm etwas größer als die **Gemeine Stechmücke** und zeichnet sich durch eine charakteristische schwarz-weiße Ringelung aus (Abb. 4.5). Deshalb wird sie oft mit der einheimi-schen Ringelmücke verwechselt. Die Tigermücke war früher in subtropischen und tropischen Regionen beheimatet und hat ihren Ursprung in Südostasien (Johnson et al. 2018). Sie breitet sich aber in den letzten Jahrzehnten zunehmend in Europa

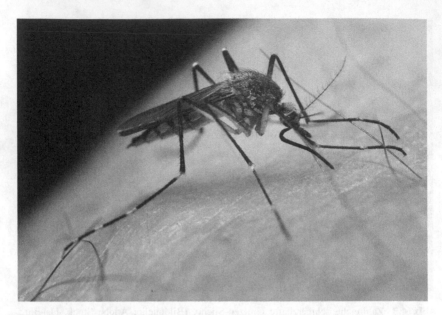

Abb. 4.4 Gemeine Stechmücke beim Blutsaugen. (Bildquelle: Adobe Stock, Dateinr.: 253760504)

aus, häufig über den Transport von Handelsgütern wie gebrauchten Autoreifen (werden für „Flüsterasphalt" verwendet), aber auch über Fahrzeugverkehr. Der Grund für ihre Etablierung in neuen Gebieten ist ihre hohe Anpassungsfähigkeit, u. a. durch die gegenüber Austrocknung resistenten Eier. In ca. 20 europäischen Ländern gilt die Art inzwischen als endemisch (Bundesumweltamt 2019). In einigen Regionen hat sie bereits der Gemeinen Stechmücke den Rang abgelaufen. Zum Beispiel war die Asiatische Tigermücke in einem Monitoring an verschiedenen Fangstellen in der Türkei nahe am Schwarzen Meer die dominierende Mückenart (knapp 90 %) (Akiner et al. 2019).

Die Asiatische Tigermücke wurde 2007 erstmalig in Deutschland gefunden. Neben dem Monitoring bestimmter Forschungsgruppen und Institutionen gibt es seit 2012 das sog. **Mückenatlas-Projekt,** das vom **Leibniz-Zentrum für Agrarlandschaftsforschung** (ZALF) **und dem Friedrich-Loeffler-Institut** (FLI) geleitet wird. Bei diesem Projekt kann jeder die zuhause oder im Freien gefangene Mücke einsenden. Diese wird dann morphologisch identifiziert und das Vorkommen kartografiert. Im Rahmen dieses Projekts wurde die **Asiatische Tigermücke**

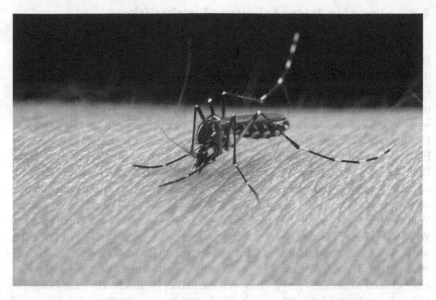

Abb. 4.5 Asiatische Tigermücke *(Aedes albopictus)* beim Blutsaugen. (Bildquelle: Adobe Stock, Dateinr.: 308686947)

an neuen Orten in Deutschland entdeckt, wobei diese Art insgesamt noch eine Minderheit bildet (Walther und Kampen 2017). Trotzdem darf die Gefahr der schnellen Ausbreitung nicht unterschätzt werden. Zum Beispiel wurde die Asiatische Tigermücke in Spanien das erste Mal 2004 in einer Stadt im Nordosten des Landes entdeckt. Innerhalb von 10 Jahren hat sie sich entlang der gesamten Ostküste, aber auch weiter ins Inland ausgebreitet (Johnson et al. 2018). Die Ausbreitung dieser Mückenart ist besonders gefährlich, da sie als „Breitbandüberträger" je nach Region sowohl unter Labor- als auch Feldbedingungen eine große Zahl von **Arboviren** übertragen kann (u. a. **Dengue-Virus, Chikungunya-Virus, West-Nil-Virus**), während die **Gemeine Stechmücke** nicht fähig ist, das Dengue- oder Chikungunya-Virus zu übertragen (Martinet et al. 2019). Die Asiatische Tigermücke wird aufgrund ihrer Ausbreitung häufig als die größte Gefahr für die weltweite Ausbreitung des Dengue-Fiebers angesehen, das vorher durch den Hauptüberträger, die **Gelbfiebermücke** *(Aedes aegyptii),* auf die Tropen beschränkt war.

4.3 Invasive Arten: Asiatische Buschmücke

Die **Asiatische Buschmücke** *Aedes japonicus* (Unterart *japonicus*) aus der Familie der Stechmücken (Culicidae) stammt ebenfalls ursprünglich aus dem asiatischen Raum. Sie ist eher dunkelbraun und unterscheidet sich damit im Aussehen von der **Asiatischen Tigermücke.** Diese ebenfalls invasive Art ist erstmals 2000 in Europa bei einem Monitoring der Mückenpopulation in Frankreich entdeckt worden. Dabei handelte es sich um Mückenlarven in einem gebrauchten Autoreifen. Im Jahr 2008 wurde sie auch in Deutschland gefunden (Koban et al. 2019). Es gibt einige geografisch begrenzte Populationen vom Norden bis in den Süden Deutschlands, von denen die meisten auch durch das **Mückenatlas-Projekt** entdeckt wurden (Walther und Kampen 2017). Diese geografisch getrennten Populationen zeigten in den Folgejahren ein unterschiedliches Ausbreitungsmuster. Während die Population im Norden leicht rückläufig ist, dehnt die Population im Westen ihr Verbreitungsgebiet deutlich aus und deckt ganz Baden-Württemberg sowie Teile von Nordrhein-Westfalen, Rheinland-Pfalz und Hessen ab (Koban et al. 2019). Deswegen kann bei der Asiatischen Buschmücke nicht mehr von einer kleinen Minderheit gesprochen werden, und es ist abschätzbar, dass sich die Mücke in wenigen Jahren auf große Teile Deutschlands ausbreiten wird. Die Asiatische Buschmücke ist ebenfalls sehr anpassungsfähig, da sie keine ausgeprägte Präferenz für bestimmte Brutstätten hat und ihre Eier in Baumlöcher legt, aber auch in Vasen oder Eimer, die genug Wasser bieten, bevorzugt im Übergangsbereich von Laubwäldern und bewohnten Gebieten (Kampen et al. 2016; Früh et al. 2020). Sie ist im Herbst länger aktiv als die Gemeine Stechmücke (Früh et al. 2020). Allerdings sind hier auch Grenzen gesetzt. Überwinternde Mücken-Eier benötigen Temperaturen ≥ 5 °C und sterben bei niedrigeren Temperaturen ab (Reuss et al. 2018).

Die Asiatische Buschmücke ist genau wie die Asiatische Tigermücke hinsichtlich der zukünftigen Etablierung von tropischen und subtropischen **Arboviren** gefährlich. Auch für diese Art wurde unter Labor- und Feldbedingungen eine mögliche Übertragung des **West-Nil-**, **Dengue-** und **Chikungunya-Virus** bestätigt (Martinet et al. 2019).

Arboviren der Tiere: Schmallenberg- und Blauzungen-Virus

5

5.1 Schmallenberg-Virus: Ausbreitung eines neuen Erregers in Europa

Das in der Folge dargestellte **Schmallenberg-Virus** ist ein Paradebeispiel, wie sich ein völlig neues Virus in Gebieten wie Europa zunächst unbemerkt manifestieren und sich dann spielerisch in ganz Europa ausbreiten kann. Im Spätsommer 2011 wurden in Rinderherden in Nordrhein-Westfalen einige Fälle beobachtet, die als klinische Symptome Fieber und eine Reduktion der Milchproduktion aufwiesen. Ein Tierarzt aus Baden-Württemberg untersuchte die Fälle und meldete dies dem **Friedrich-Loeffler Institut** (FLI). Dazu kamen Fälle von Fehlgeburten und Missbildungen bei neugeborenen Kälbern in verschiedenen Herden in Deutschland (Kupferschmidt 2012). Das FLI testete zunächst auf bekannte Erreger, die mit den klinischen Symptomen stimmig gewesen wären, aber ohne Erfolg. Durch Anwendung der sog. „**Deep sequencing**"-Methode, bei der alle in der Probe befindlichen Nukleinsäuren entschlüsselt werden, wurden Sequenzen eines neuartigen Virus gefunden, die Ähnlichkeiten zu sog. **Orthobunyaviren** aufwiesen. Zu dieser Gruppe gehören Viren wie das in Japan und Australien vorkommende Akabane-Virus, das dafür bekannt ist, eine ähnliche Symptomatik in Rindern, Schafen und Ziegen zu verursachen. Allerdings waren zu diesem Zeitpunkt Orthobunyaviren in Europa nie nachweislich aufgetreten (Tarlinton et al. 2012).

Das Virus wurde nach der nordrhein-westfälischen Stadt **Schmallenberg** benannt, da das Virus zuerst in Proben aus dieser Stadt nachgewiesen wurde. Das **Schmallenberg-Virus** ist ein behülltes **RNA-Virus.** Das Virusgenom enthält 3 RNA-Stränge, die für insgesamt 6 Proteine kodieren. Neben den sog. strukturellen Proteinen, die Teil des Viruspartikels sind, z. B. zwei Oberflächenproteine, gibt es drei sog. nicht-strukturelle Proteine, die nur während der Zellinfektion gebildet werden. Das ist zum einen die Polymerase, die das Virusgenom vervielfältigt, damit in jeder infizierten Zelle viele Nachkommen gebildet werden können. Die beiden anderen nicht-strukturellen Proteine sind hauptsächlich für die **Virulenz** des Virus verantwortlich, indem sie die Signalgebung von infizierten Zellen behindern und damit die Immunantwort gegen das Virus stören (Endalew et al. 2019). Außerdem besitzt eines der beiden viralen Oberflächenproteine stark variable Bereiche, die ebenfalls beteiligt sein könnten, die Immunantwort zu unterlaufen (Collins et al. 2019).

Interessanterweise ist völlig unklar, woher das **Schmallenberg-Virus** stammt. Das Virus wurde vor 2011 nie beschrieben. Verwandte Viren sind in Asien und Japan verbreitet, haben aber nicht genug Ähnlichkeit, um direkte Vorgänger des Schmallenberg-Virus zu sein (Endalew et al. 2019). Kurioserweise trat es in der gleichen Region auf, in der bereits einige Jahre zuvor im Jahr 2006 erstmalig die **Blauzungenkrankheit** in Deutschland entdeckt wurde (Claine et al. 2015; Abs. 5.2). Möglich ist eine Entstehung des Virus in Regionen, in denen das medizinische Monitoring von Tierherden weniger stark ausgeprägt war und andere Tierpathogene größeren Schaden anrichteten und anschließend ein zufälliger Eintrag nach Deutschland. In einem solchen Szenario hätte ein schwach pathogenes Virus die Möglichkeit, unentdeckt zu bleiben. Daneben ist es aber auch möglich, dass das Virus vorher von einem nicht pathogenen Typ zu einem Typ mit höherer Virulenz mutierte. Auf der anderen Seite sind Arboviren wie auch das Schmallenberg-Virus genetisch recht stabil, sind also eigentlich keine Mutationsmeister (Collins et al. 2019).

Die durch das Virus verursachte Krankheit ist durch eine kurze Virämiephase von 1–6 Tagen gekennzeichnet. In dieser Zeit ist die Virusmenge im Blut sehr hoch. Die Infektion führt zu Fieber, Durchfall und einer verminderten Milchleistung. Die schwersten Auswirkungen hat das Virus jedoch auf die Nachkommen. Im Fetus kann sich das Virus vermehren und zu verschiedenen Schädigungen des Zentralnervensystems führen, was zu **Fehlgeburten** und auch **Missbildungen** der neugeborenen Kälber und Lämmer führt (LGL 2021). Bei neuen Infektionskrankheiten ist die Übertragung des Erregers eine wichtige Frage. Das Virus wurde molekularbiologisch in verschiedenen Ausscheidungen von Tieren wie Kot und Urin nachgewiesen. Allerdings gibt es bisher keine Hinweise, dass die Übertragung direkt von Tier-zu-Tier erfolgt (Endalew et al. 2019).

Kurz nach der Entdeckung des Virus in Deutschland rückten bestimmte Mücken, die **Gnitzen,** stärker in den Fokus (Tarlinton et al. 2012). Dieser Verdacht war stimmig, da viele andere Orthobunyaviren ebenfalls über Gnitzen (*Culicoides* spp.) übertragen werden. Der Verdacht bestätigte sich immer mehr, da das Virus in vielen Regionen, in denen die Krankheit auftrat, auch häufig in Gnitzen vorlag (LGL 2021). Die Übertragung wurde aber bisher noch nicht experimentell nachgewiesen.

Das **Schmallenberg-Virus** breitete sich in „Windeseile" in Deutschland und auch in Nachbarstaaten aus. So wurde das Virus bereits im Spätsommer 2011 auch in den Niederlanden nachgewiesen (Tarlinton et al. 2012). Es wird vermutet, dass das Virus bereits im Frühling bzw. Sommer 2011 in Deutschland zirkulierte, nur dass die schweren Folgen wie Fehlgeburten bzw. Missbildungen erst nach Geburt der Kälber festgestellt wurden (LGL 2021). Somit hatte das Virus genügend Zeit, sich unbemerkt auszubreiten. Das **Verbreitungsgebiet** des Schmallenberg-Virus erstreckte sich bis Ende 2012 auf große Teile Europas und dehnte sich auch in der Folge weiter aus (Collins et al. 2019). Der Begriff „Windeseile" trifft auch im wahrsten Sinne des Wortes zu, da Gnitzen mit dem Wind weite Strecken zurücklegen und so neue Gebiete erreichen können (Abs. 4.1).

Bei neuen Viren, die durch ein einzelnes oder einige wenige Ereignisse in ein neues Gebiet eingetragen werden, müssen bestimmte Voraussetzungen vorhanden sein, damit diese Viren endemisch, also heimisch, werden können. Die Übertragung durch **kompetente Vektoren** wie **Gnitzen** ist eine Voraussetzung, jedoch ist die übliche Saison von Mücken auf den Frühling bis Herbst begrenzt. Also muss der Erreger auch überwintern, um nicht nach einer Saison bereits wieder zu verschwinden. Diese Frage ist beim **Schmallenberg-Virus** und Gnitzen noch nicht völlig geklärt, und es gibt verschiedene Hypothesen. In einigen Studien wurde eine minimal kleine aktive Gnitzen-Population in Rinderställen auch im Winter gefunden, in denen sich das Virus halten könnte. Andere Studien fanden Gnitzen-freie Perioden in Tierställen im Winter bis Mitte März (Kameke et al. 2017). Es gibt auch Hinweise, dass das Virus durch Gnitzen-Weibchen sog. vertikal auf die Eier übertragen wird, wodurch das Virus den Winter überleben könnte. Diese Hypothese ist aber noch nicht weitgehend akzeptiert.

Für die Prävention dieser Infektionskrankheit bei Rindern und Schafen stehen heute **Impfstoffe** zur Verfügung. Die ersten zugelassenen Impfstoffe basierten auf dem inaktivierten Erreger. Inzwischen sind weitere Kandidaten wie genetisch modifizierte Lebend- oder DNA-Impfstoffe auf dem Weg. Allerdings ist die **Impfquote** ungenügend. Die ersten Zulassungen wurden erreicht, nachdem bereits eine hohe **Seroprävalenz** durch natürliche Infektionen vorlag. Aus diesem Grund war die Bereitschaft, die eigenen Herden zu impfen, nur schwach ausgeprägt (Wernike und Beer 2020). Wichtig wird hierbei sein, wie lange die **Herdenimmunität** anhält. Basierend auf der Antikörperantwort von genesenen Tieren wird eine Immunität von ca. 3 – 6 Jahren geschätzt. Diese Schätzung deckt sich auch mit dem epidemischen Auftreten der verwandten Akabane-Viren in Japan in Abständen von ca. 5 Jahren (Endalew et al. 2019). Im Gegensatz dazu wurde beim Schmallenburg-Virus vorläufig ein **epidemisches Muster** in Abständen von 2 – 3 Jahren beobachtet. Aus diesem Grund ist die mangelnde **Impfbereitschaft** seitens der Landwirte gefährlich (Wernike und Beer 2020).

5.2   Blauzungen-Virus

Die **Blauzungenkrankheit** ist ebenfalls eine meldepflichtige Tierseuche, die durch ein Virus der Familie *Reoviridae* verursacht wird. Das Virus ist ein RNA-Virus, von dem derzeit 24 Serotypen bekannt sind. Der Begriff Serotyp beschreibt Virusstämme, deren Antigene auf der Oberfläche (vor allem das sog. VP2-Protein) sich so unterscheiden, dass sie durch Antikörper klassifiziert werden können (Wilson und Mellor 2009). Die Blauzungenkrankheit befällt vorwiegend Rinder, Ziegen und Schafe, ist aber für den Menschen ungefährlich. Die Übertragung erfolgt nicht von Tier-zu-Tier, sondern ähnlich wie beim **Schmallenberg-Virus** über **Gnitzen.** Obwohl bei den Infektionszahlen Rinder zahlenmäßig dominieren, sind die Schäden in Schafherden schwerwiegender, mit Fallsterblichkeitsraten von bis zu knapp 40 % (Conraths et al. 2009).

Obwohl die Erkrankung in der Mehrzahl der infizierten Tiere subklinisch verläuft, gibt es auch Symptome wie Fieber, Lahmheit, Ödeme bis hin zum Tod. Das namengebende Symptom, die blaue Zunge, kommt nur gelegentlich bei schweren Verläufen vor (Wilson und Mellor 2009).

Vor 1998 war die **Blauzungenkrankheit** auf bestimmte Regionen in Afrika, Naher Osten, Asien, Australien sowie Süd- und Nordamerika beschränkt (Wilson und Mellor 2009). In dieser Zeit traten in Europa einzelne Ausbrüche auf. Seitdem hat sich die Krankheit zunehmend in Ländern Südeuropas eingebürgert und ist dort endemisch (Hagenaars et al. 2021). In Deutschland und Nachbarstaaten trat die Krankheit erstmalig 2006 auf. Hierbei war es der Serotyp 8, der grassierte (Mehlhorn et al. 2009). Im Unterschied zum **Schmallenberg-Virus** war die Krankheit vorher bekannt und es gab diagnostische Methoden zum Nachweis und bereits etablierte Monitoring-Programme.

Der **Ausbruch** 2006 betraf hauptsächlich Nordrhein-Westfalen, dehnte sich aber auch auf andere Bundesländer aus und beeinträchtigte insgesamt fast 900 Rinder- und Schafherden. Nach einer Ruhephase im Winter wurden ab Juni 2007 wieder Infektionen festgestellt. Das Virus breitete sich in ganz Deutschland aus und es gab über 20.000 Ausbrüche. Zu Beginn 2008 wurde die Krankheit mit massiven **Impfkampagnen** eingedämmt. So kam es im Verlauf des Jahres nur noch zu knapp über 1000 Infektionen (Conraths et al. 2009). Dabei war es 2008 ein Zufall, dass die Zahlen so niedrig waren. Zur Prävention wurden Impfstoffe rasch zugelassen. Allerdings starteten die Impfkampagnen im Mai, also eigentlich zu spät, um eine starke Ausbreitung verhindern zu können. Zum Glück begann die Gnitzen-Entwicklung aufgrund des langen Winters erst 2–3 Monate verzögert (Mehlhorn et al. 2009). Das gab den Impfkampagnen einen Zeitvorteil, der Schlimmeres abwendete.

Für viele der europäischen Ausbrüche wurden Tiertransporte infizierter Bestände und die bereits beschriebene passive Verbreitung der **Gnitzen** durch den Wind angenommen. Allerdings ist die Ursache des Eintrags der **Blauzungenkrankheit** nach Deutschland unbekannt (Wilson und Mellor 2009). Im Jahr 2012 erhielt Deutschland wieder den Status frei von der Blauzungenkrankheit zu sein, allerdings trat die Erkrankung ab 2018 wieder auf (Hagenaars et al. 2021). Die Infektionszahlen bewegen sich im Vergleich zur Periode 2006–2009 aber in anderen Dimensionen. Die Zahlen sind mit 1 (2018), 59 (2019), 2 (2020) und bisher 1 in 2021 (FLI 2021a) niedrig, wahrscheinlich aufgrund der verfügbaren Impfstoffe sowie Verbesserungen des Monitorings und der Eindämmungsmaßnahmen. Trotzdem sind die **wirtschaftlichen Kosten** immens, die zum Teil durch die Schäden in Tierherden, aber vor allem durch die Maßnahmen (u. a. Eindämmung, Monitoring, Impfstoffe) entstanden sind. Die wirtschaftlichen Kosten in Deutschland vom Ausbruch ab 2006 bis zum Wiederauftreten in 2018 wurden auf ca. 180 Mio. Euro geschätzt (Gethmann et al. 2020). Ungeachtet der niedrigen Fallzahlen geht selbst ein Einzelnachweis mit erheblichen Beschränkungen einher, wie z. B. der Einrichtung eines **Sperrgebiets** von 150 km, das für 2 Jahre aufrechterhalten werden muss. In dieser Zone müssen alle empfänglichen Tierbestände (auch private) gemeldet werden und ein Transport empfänglicher Tiere aus der Sperrzone heraus ist verboten (Landesuntersuchungsamt Rheinland-Pfalz 2021).

Vor über 20 Jahren wurde vermutet, dass nur eine **Gnitzen**-Art. *Culicoides imitans,* das **Blauzungenvirus** übertragen konnte, da die europäischen Ausbrüche vor 1998 immer nur in Regionen auftraten, in denen diese Gnitzen-Art ansässig war (Wilson und Mellor 2009). Das Bild wandelte sich mit der stärkeren Ausbreitung der **Blauzungenkrankheit** in Europa. Zum Beispiel wurden bei einem Gnitzen-Monitoring mit knapp 100 Fangstellen während des Ausbruchs in Deutschland von 2006 bis 2007 in ¾ der Fälle Gnitzenarten des *Culicoides obsoletus*-Komplexes gefangen, aber nie *Culicoides imitans* (Mehlhorn et al. 2009). Mittlerweile wird bei ca. 50 Gnitzen-Arten ein Übertragungspotenzial angenommen (Wilson und Mellor 2009). Bei einigen europäischen Ausbrüchen breitete sich die Krankheit erst in Rinderherden und später in Schafherden aus, vermutlich aufgrund der stärkeren Präferenz der **Gnitzen** für Rinder (Jacquot et al. 2017).

Ähnlich wie beim **Schmallenberg-Virus** ist die Vermehrung des Blauzungenvirus in Gnitzen stark temperaturabhängig. Unter 12 °C erfolgt keine Virusvermehrung, bei 15 °C dauert die **extrinsische Inkubationszeit** mehrere Wochen, bis hin zu wenigen Tagen bei 30 °C (Wilson und Mellor 2009). Die extrinsische Inkubationszeit ist die Zeit von der Aufnahme eines Virus durch eine Mücke, bis die Mücke das Virus übertragen kann. Allerdings wird die Temperatur nicht als wichtigster Faktor für die Ausbreitung angesehen, sondern eher die Dichte von Tierherden sowie die schnelle Verbreitung der Gnitzen und ihre Populationsdichten (Jacquot et al. 2017).

Humane Arboviren in Europa: Chikungunya-, Dengue- und West-Nil-Virus

6

6.1   Chikungunya-Virus in Italien

Das **Chikungunya-Virus** (CHIKV) wurde erstmalig 1952 in Tanzania in Afrika identifiziert. Es gehört zu den Alphaviren in der Familie *Togaviridae* und wird ebenfalls als **Arbovirus** durch Stechmücken übertragen. Dabei spielt die **Ägyptische Tigermücke** *(Aedes aegypti)* die bedeutsamste Rolle als Überträger, aber auch andere Arten wie die **Asiatische Tigermücke** *(Aedes albopictus)* können den Erreger übertragen. Es ist ähnlich wie das Schmallenberg-Virus ein behülltes RNA-Virus. Es zirkuliert nicht nur zwischen Mücken und Menschen, sondern kann auch in sog. sylvatischen Zyklen zwischen Mücken und Tieren zirkulieren und dann auf den Menschen übertragen werden. Das sog. **Chikungunya-Fieber** dauert ein bis zwei Wochen und geht einher mit Fieber, Kopfschmerzen, Ausschlag und Gliederschmerzen. Die Gliederschmerzen können auch langfristig über Monate bleiben. Zudem rücken in den letzten Jahren weitere Symptome wie neurologische Störungen in den Fokus. Die Krankheit ist bei einigen Erkrankten mit Hirnhautentzündung oder dem Guillian-Barré-Syndrom assoziiert (Mehta et al. 2018).

Das **Chikungunya-Virus** kommt primär in Afrika vor, wo es in Abständen von 7–20 Jahre große Epidemien verursacht (Caglioti et al. 2013). Die molekulare Analyse der stammesgeschichtlichen Entwicklung des Virus deutet auf eine Ausbreitung des Virus von Afrika nach Süd- und Südostasien vor ca. 100 Jahren hin (Weaver et al. 2018). Besondere Aufmerksamkeit bekam eine **Epidemie,** die 2004 in Kenia ihren Anfang nahm und sich bis zu den Inseln des Indischen Ozeans ausbreitete. Von hier und anderen Regionen haben viele Urlauber das Virus nach Europa und Amerika gebracht (Caglioti et al. 2013). Der erste Ausbruch in Europa trat 2007 in Italien auf. Bei solchen Ereignissen ist eine wichtige

P. U. B. Vogel und G. A. Schaub., *Neue Infektionskrankheiten in Deutschland und Europa,* essentials, https://doi.org/10.1007/978-3-658-34148-0_6

Frage: Wurde das Infektionsgeschehen nur durch Reisende eingeschleppt oder durch lokale Übertragung ausgelöst? Im ersten Fall bringt z. B. ein Reisender die Krankheit in seine Heimat. Nach Genesung dieser Person ist das Infektionsgeschehen beendet, bis die nächste Person die Krankheit mitbringt. Dagegen ist eine **lokale Übertragung** das gefährlichere Ereignis. Hierbei nehmen lokale Mücken das Virus bei der Blutmahlzeit an dem infizierten Reisenden auf und übertragen es auf weitere Personen. Dies wird als autochthone Übertragung bezeichnet. Der Ausbruch in Italien im Jahr 2007 war so ein Fall. Der erste Patient, auch **Index-Patient** genannt, war ein Mann aus Indien, der mit einer Erkrankung für einen kurzen Besuch seiner Verwandten in ein italienisches Dorf reiste. Kurze Zeit später kam es zu einem **Ausbruch** mit über 200 nachweislich erkrankten Personen in zwei Dörfern sowie einigen weiter entfernten Folgefällen. Die Untersuchung ergab eine besonders hohe Dichte der **Asiatischen Tigermücke** in der Region, die für die schnelle Ausbreitung sorgte. Der Ausbruch wurde durch Bekämpfung der Mücken unter Kontrolle gebracht (Rezza 2018).

10 Jahre später gab es einen erneuten **Ausbruch** (Marano et al. 2017). Im Gegensatz zum Ausbruch von 2007 entwickelte sich der Ausbruch 2017 zunächst unerkannt im Sommer und wurde erst später auffällig (Rezza 2018). Dadurch entstanden einige sog. **Cluster,** also die lokale Häufung von Krankheitsfällen, in verschiedenen Regionen (Vairo et al. 2018). Insgesamt wurden ca. 240 Fälle in der Region Lazio bestätigt. Auch dieser Ausbruch war vermutlich auf ein einzelnes Eintragungsereignis zurückzuführen, da die molekulare Analyse der Virussequenz die größte Ähnlichkeit zu Virusisolaten zeigte, die 2016 in Indien und Pakistan gefunden wurden (Cella et al. 2018). Italien ist aber nicht das einzige bisher betroffene europäische Land. Mit einem geringeren Ausmaß traten einige lokale Übertragungen von **Chikungunya-Viren** in Frankreich auf (Grandadam et al. 2011).

Diese Beispiele verdeutlichen das Risiko, das von einzelnen erkrankten Reisenden ausgeht. Dies zeigt aber auch, dass derzeit die Umgebungsfaktoren für das Virus günstig sein müssen, da in den Jahren dazwischen keine lokale Übertragung des Virus in Italien festgestellt wurde. Es braucht geeignete **Vektoren** in hoher Dichte, da ein kranker Mensch, der nicht von einer Mücke gestochen wird, auch keinen Ausbruch verursachen kann. Ein Risiko ist in solchen Fällen die späte Erkennung einer frühen Viruszirkulation. Im zweiten Fall im Jahr 2017 blieb die Viruszirkulation einige Zeit unentdeckt, bevor die ersten klinischen Fälle erkannt wurden. In solchen Fällen ist es umso schwerer, den genauen Hergang zu rekonstruieren. Dies zeigt Parallelen zu der frühen Ausbreitung von **COVID-19** in Norditalien. **SARS-CoV-2** braucht keine Vektoren zur Übertragung, hat sich aber auch hier im Februar 2020 unerkannt durch direkte

Mensch-zu-Mensch-Übertragung verbreitet. Zu dem Zeitpunkt, an dem dies als ernstes Gesundheitsproblem erkannt wurde, war die Durchseuchung schon so groß, das kurze Zeit später das Gesundheitssystem überlastet war.

Bei der Frage, ob auch größere Epidemien möglich sind, spielen viele Faktoren eine Rolle. Hierzu zählen Unterschiede in der Übertragungsfähigkeit verschiedener **Virus-Genotypen,** die geografische Verbreitung der Mücken, die Mückendichte, die Mobilität der Infizierten, die Bevölkerungsdichte und auch die Temperatur. Die Vermehrung des Virus in der **Asiatischen Tigermücke** ist temperaturabhängig. Bei einer experimentellen Studie trat das Virus bei 28 °C nach wenigen Tagen im Speichel der Mücken auf. Bei kühleren Temperaturen von 18 °C dauerte es wesentlich länger, bis das Virus im Speichel nachweisbar war (Wimalasiri-Yapa et al. 2019). Das ist u. a. ein Grund, warum bestimmte tropische Erkrankungen derzeit nur schlecht Fuß fassen, obwohl die Erreger durch Reisende ständig nach Europa eingeschleppt werden.

Bei Simulationen ist das Risiko für Deutschland in der nahen Zukunft relativ niedrig, jedoch wird das Risiko für lokale **Chikungunya-Virus-Übertragungen** in Frankreich und den Benelux-Staaten in der ersten Hälfte des 21. Jahrhunderts höher eingeschätzt (Fischer et al. 2013). Allerdings hängen solche Simulationen und Risikobewertungen von bestimmten Annahmen zu Faktoren ab, die sich nur ungenügend vorhersagen lassen. Es ist z. B. noch nicht sicher, wie stark sich der Klimawandel in den nächsten Jahren und Jahrzehnten fortsetzt und wie stark sich die übertragenden Stechmücken ausbreiten. Im Gegensatz zur Simulation bewertet die europäische Seuchenbekämpfungsbehörde **ECDC** das Risiko für **Chikungunya-Fieber** in Europa höher ein, aufgrund der hohen Reiseaktivität, dem Vorkommen von übertragungsfähigen Mücken und der fehlenden Immunität der Bevölkerung (ECDC 2014). Aus diesem Grund sollten u. a. **Monitoring-Programme** etabliert oder intensiviert werden, um die frühe Zirkulation des Virus in Mücken erkennen zu können und damit lokale Ausbrüche in der Frühphase zu erfassen und Epidemien zu verhindern (Vairo et al. 2018).

Seit längerem gibt es zudem Bemühungen, **Impfstoffe** zu entwickeln. Ein Kandidat beruht auf den sog. Virus-ähnlichen Partikeln (Chen et al. 2020). Hierbei handelt es sich um Partikel, die die Oberfläche des Virus in Teilen nachahmen, ohne das Virusgenom zu enthalten und so keine Fähigkeit haben, sich zu vermehren (Vogel 2021). Ein Kandidat war in klinischen Versuchen der Phase I/II sicher und immunogen (Chen et al. 2020), und es bleibt zu hoffen, dass auch die weiteren Hürden gemeistert werden.

6.2 Dengue-Virus in Frankreich

Dengue-Fieber ist eine der einstigen Tropenkrankheiten, die sich besorgniserregend ausbreitet (Vogel und Schaub 2021). Das Dengue-Virus ist das weltweit häufigste **Arbovirus** und gehört zu den Flaviviren. Die weltweite Ausbreitung der **Asiatischen Tigermücke** *(Aedes albopictus)* wird als eine der größten Gefahren bezüglich der weiteren Zunahme der Dengue-Fieber-Erkrankungen angesehen (Lambrechts et al. 2010). Das **Dengue-Virus** ist ein behülltes Virus, das eine einzelsträngige RNA als Virusgenom enthält. Es gibt 4 Serotypen, die sich z. T. in ihrer Virulenz unterscheiden, mit dem DENV-2 als gefährlichsten Serotyp. Die ersten Aufzeichnungen über Epidemien stammen aus Asien, Afrika und Nordamerika aus den Jahren 1779–1780 (Gubler und Clark 1995). Derzeit wird geschätzt, dass ca. 4 Mrd. Menschen in Risikogebieten leben.

Aus europäischer Sicht ist das **Dengue-Fieber** derzeit noch eine überwiegend importierte Infektionskrankheit, die durch Reisende nach Europa gebracht wird, hier aber kaum Fuß fasst. Als in Spanien 130 Reisende mit Fieber auf Dengue-Fieber getestet wurden, war ungefähr die Hälfte der Personen Dengue-positiv. Das ist noch nicht besorgniserregend, da Dengue-Fieber sehr verbreitet ist und in vielen beliebten Urlaubsregionen vorkommt. Allerdings wurde bei einem Patienten, der nach der Einreise nach Hause zurückkehrte, das **Dengue-Virus** auch in Mücken **(Asiatische Tigermücke)** in seinem Haus gefunden. Obwohl hiervon keine Sekundärinfektionen ausgingen, zeigt es, dass die lokale Übertragung von Dengue-Fieber grundsätzlich möglich ist, sofern übertragungsfähige Mücken vorhanden sind (Aranda et al. 2018).

Ein gut beschriebener kleiner Ausbruch von **Dengue-Fieber** mit lokaler Übertragung ereignete sich 2015 in Frankreich. In den Jahren zuvor gab es in Frankreich vereinzelt Fälle einer lokalen Übertragung. Auch 2015 war es, ähnlich wie bei den Ausbrüchen des **Chikungunya-Fiebers** in Italien, eine eingereiste infizierte Person, von der die Infektionen ausgingen. Am 4. Juli trat bei dieser Person Fieber ein. Die **Sekundärinfektionen,** übertragen von **Asiatischen Tigermücken** *(A. albopictus)* ereigneten sich erst im August und erstreckten sich bis zum September (Succo et al. 2016). Diese Verzögerungsphase ist nicht ungewöhnlich. Sofern Arboviren durch Mücken beim Blutsaugen aufgenommen werden, müssen diese sich erst in der Mücke entwickeln, bevor die Mücke das Virus beim Blutsaugen über den Speichel übertragen kann. Diese **extrinsische Inkubationsperiode** dauert 1–2 Wochen. Im ersten Schritt infiziert das Virus die Epithelzellen des Mitteldarms der Mücken. In diesen vermehrt sich das Virus und befällt weitere Zellen. Nach 7–10 Tagen sind weite Teile des Mitteldarms infiziert, und es finden sich bereits Viren in den Speicheldrüsen der Mücken, in denen eine erneute Virusvermehrung erfolgt (Salazar 2007; Raquin und Lambrechts, 2017). Den Speichel injizieren die Mücken bei der Blutmahlzeit, u. a. um die Gerinnung des aufgenommenen Blutes zu unterdrücken und übertragen so die Viren. Nach der Ruhephase von ca. 1 Monat traten dann weitere 7 Fälle in der Region auf. Es wurde sehr intensiv auf den Ausbruch reagiert, mit Befragungen der umgebenden Haushalte, Testung, Auswertung der Informationen von Arztpraxen in der weiteren Umgebung zu Fieberfällen und einer intensiven Bekämpfung der Mückenpopulation mittels Insektiziden bis hin zum Entfernen möglicher Brutstätten (Succo et al. 2016). Da bei Ausbrüchen auch eine bestimmte Anzahl an Fällen unentdeckt bleibt, erfolgte im Anschluss eine **Antikörper-Studie** in der Umgebung, wobei die Teilnehmer nur in wenigen Einzelfällen positiv waren. Interessanterweise wurden aber ca. 1 % der Teilnehmer positiv auf das im nächsten Abschnitt besprochene **West-Nil-Virus** getestet (Succo et al. 2018). Eine wichtige Frage ist die Ursache für den Unterschied, dass es bei dem einen Virus bei den importierten Fällen bleibt, es aber bei anderen Viren zur lokalen Übertragung durch Mücken kommt. Die Auswertung von Daten aus der Periode 2010–2018 kam zum Schluss, dass die Ausbrüche mit einer verzögerten Meldung der Krankheitsfälle bei den lokalen Gesundheitsämtern einhergingen, also versäumt wurde, durch Meldung und Quarantänen einer möglichen **Infektionskette** vorzubeugen (Jourdain et al. 2020).

6.3   West-Nil-Virus in Europa

Das **West-Nil-Virus** wurde erstmalig 1937 in Uganda aus dem Blut einer Person mit Fieber isoliert, ist also schon lange bekannt. Dieses RNA-Virus aus der Gruppe der Flaviviren zirkuliert zwischen Mücken und Vögeln und ist mit wenigen Ausnahmen auf der ganzen Welt verbreitet (Kramer et al. 2019; Abb. 6.1). Die Erkrankung, das **West-Nil-Fieber,** ist eine meldepflichtige Tierseuche. Anders als beim Dengue- oder Chikungunya-Fieber sind die Hauptüberträger in diesem Fall nicht *Aedes*-Stechmücken, sondern Stechmücken der Gattung *Culex* (Pierson und Diamond 2020). Zu dieser Gattung gehört auch die in Deutschland und Europa stark verbreitete sog. Gemeine Stechmücke *Culex pipiens.*

Einige Vogelarten können am West-Nil-Fieber schwer erkranken, jedoch verläuft die Infektion bei den meisten Vogelarten unauffällig (Gossner et al. 2017). Das Virus kann aber bei Pferden und Menschen schwere Erkrankungen auslösen (Abb. 6.2). Dabei sind diese Wirte sog. **dead-end-Wirte,** d. h. die Infektionskette endet beim Pferd oder Menschen, da infizierte Individuen keine ausreichende Virämie ausbilden, sodass die Virusmenge im Blut nicht ausreicht, wieder auf

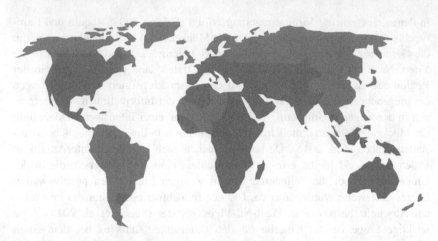

Abb. 6.1 Verbreitungsgebiet des West-Nil-Virus (rot: vorhanden; blau: nicht vorhanden). (Bildquelle: Adobe Stock, Dateinr.: 220764030, modifiziert)

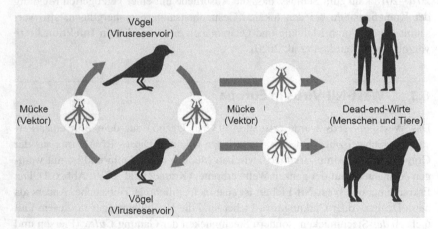

Abb. 6.2 Übertragungszyklus des West-Nil-Virus zwischen Mücken und Vögeln mit gelegentlicher Infektion von Menschen oder Pferden. (Bildquelle: Adobe Stock, Dateinr.: 220764030, modifiziert)

Mücken übertragen werden zu können. Menschen bleiben meist asymptomatisch (ca. 80 %), in wenigen Fällen (1 %) kann jedoch eine tödliche Gehirnhautentzündung entstehen. Menschen mit überstandener Infektion leiden häufig an diversen Langzeitfolgen wie z. B. Kopfschmerzen, Schwäche oder Gedächtnisverlust (Rossi et al. 2010). Bei der Infektion von Pferden entwickeln ungefähr 10 % der Tiere neurologische Symptome (Gossner et al. 2017).

Nach der Entdeckung des **West-Nil-Virus** kam es in den 1950er–1970er Jahren weltweit zu zahlreichen Ausbrüchen, auch in Europa (Kramer et al. 2019). Danach wurde es ruhig, und das Virus wurde nur sporadisch nachgewiesen, auch z. B. bei kleineren Ausbrüchen in Europa, bei denen Pferde und Menschen betroffen waren (Napp et al. 2018). Einen fulminanten Siegeszug erlebte der Erreger nach seinem Eintrag in die USA im Jahr 1999. Das West-Nil-Virus war zu diesem Zeitpunkt in Amerika nicht bekannt. In New York gab es im Spätsommer innerhalb eines kurzen Zeitraums einige Patienten mit atypischen Hirnhautentzündungen. Zudem fanden **sich** häufig tote Vögel. Dieser besonders schwül-heiße Spätsommer brachte ideale Vermehrungsmöglichkeiten für die Mücken. Zudem ermöglichte die Manifestation des Virus eine zuvor eingewanderte neue Mückenart, *Culex pipiens*. Es gibt diverse Hypothesen wie das Virus nach New York kam, von der Einschleppung durch Zugvögel bis zum Import von virushaltigen Mückeneiern im Gepäck von Reisenden, aber der genaue Weg wurde nie geklärt. Die Ereignisse von New York erlaubten die Ausbreitung des Virus in den Jahren danach in Nord- und Südamerika, wo es **endemisch** wurde (Kramer et al. 2019). In der frühen Phase wurden auch genetische Anpassungen des Virus nachgewiesen. Seitdem gab es in den USA über 50.000 bestätigte menschliche Infektionen und über 2.000 Tote. Aufgrund der neuen Gefahr wurde auch beim Blutscreening verstärkt auf das West-Nil-Virus getestet. Basierend auf diesem Screening wurden bis 2010 bereits 2–4 Mio. menschliche Infektionen in den USA geschätzt (Pierson und Diamond 2020). Das Virus ist aber auch für Pferde gefährlich, die auf Weiden Stechmücken ausgesetzt sind.

Solche Ereignisse lassen die berechtigte Frage zu: Kann das West-Nil-Virus auch bei uns endemisch werden? Bei uns in Europa war das **West-Nil-Virus** bis zum frühen 21. Jahrhundert kaum ein Thema. Eine Ausnahme war ein Ausbruch in Bulgarien im Jahr 1997 mit mehreren hunderten menschlichen Infektionen mit neurologischen Symptomen. Ab 2004 breitete sich zunehmend eine neue genetische Linie des West-Nil-Virus (Linie 2) aus, die zuerst in Ungarn gefunden wurde. Ausgehend hiervon fand sich **West-Nil-Fieber** in den Folgejahren in anderen europäischen Gebieten (Napp et al. 2019). Die Daten zum Auftreten des West-Nil-Virus in den verschiedenen europäischen Ländern werden über ein Meldesystem der Europäischen Kommission erfasst und durch die europäische Seuchenbehörde **ECDC** regelmäßig öffentlich zusammengefasst (Bakonyi und Haussig 2020).

In Europa ist seit 2010 Griechenland vergleichsweise stark vom **West-Nil-Fieber** betroffen, mit hundert bzw. über hundert menschlichen Infektionen pro Jahr (Rizzoli et al. 2015; Gossner et al. 2017; Bakonyi und Haussig 2020). Im Jahr 2018 gab es im europäischen Raum und angrenzenden Staaten über 2000 menschliche Infektion mit dem **West-Nil-Virus,** mit einem deutlichen Anstieg gegenüber dem Vorjahr, vermutlich verursacht durch die klimatischen Bedingungen u. a. mit langen Perioden höherer Temperaturen (Michel et al. 2019). In den zwei Jahren danach sind weniger Fälle in Europa bekannt geworden. Allerdings zeichnet sich neben der zunehmenden geografischen Ausbreitung ab, dass die Fälle in aufeinanderfolgenden Perioden in den gleichen Gebieten auftreten, das Virus also vermutlich nicht immer wieder neu eingetragen wird, sondern überdauert (Bakonyi und Haussig 2020). Interessante Einblicke hierzu ergab ein Monitoring von überwinternden Mückenarten, insbesondere *Culex pipiens,* in der Tschechischen Republik. Während die analysierten Mückenpopulationen in der Winterperiode bis 2016 negativ auf WNV waren, wurde 2017 erstmalig an zwei Orten das West-Nil-Virus in überwinternden Mücken gefunden (Rudolf et al. 2017).

In Deutschland gab es vor 2018 keine bestätigten Fälle von **West-Nil-Virus**-Infektionen in Vögeln. Allerdings wurden seropositive Zugvögel in Ostdeutschland gefunden (Michel et al. 2019). Die ersten Fälle von West-Nil-Virus-Nachweisen waren Wildvögel, vermutlich durch ein einzelnes Eintragungsereignis aus der Tschechischen Republik (Ziegler et al. 2018). Es gibt verschiedene Gründe, warum eine Häufung von Infektion in besonders warmen Sommermonaten auftritt. Neben Verhaltensweisen des Menschen, bei starker Hitze eher die Fenster geöffnet zu lassen und sich bis zur Dämmerung leicht bekleidet vermehrt draußen aufzuhalten, gibt es weitere Gründe. Lange ausgedehnte Perioden mit hoher Temperatur beeinflussen auch die Stechmücken, die unter diesen Bedingungen häufiger stechen. Daneben entwickelt sich das Virus auch besser in der Stechmücke. Die bereits beschriebene **extrinsische Inkubationszeit** ändert sich bei höheren Temperaturen. Basierend auf theoretischen Berechnungen wurde geschätzt, dass das West-Nil-Virus von den 80er Jahren bis 2017 in vielen Regionen Deutschlands eine Entwicklungszeit von ca. 3 Wochen benötigt hätte, in einigen Regionen in 2018 jedoch nur ca. 2 Wochen (Ziegler et al. 2019). Insgesamt fand sich in diesem Jahr eine zunehmende Ausbreitung, da das Virus in verschiedenen Regionen wie Berlin, Sachsen-Anhalt, Bayern und Mecklenburg-Vorpommern vereinzelt in Wildvögeln, Pferden oder dem Menschen nachgewiesen wurde (Johnson et al. 2018).

Kürzlich gab es mehrere Fälle von schweren menschlichen Erkrankungen in Leipzig im Spätsommer 2020. Es wird vermutet, dass sich das **West-Nil-Virus** in dieser Region häufiger zeigen wird (Bankonyi und Haussig 2020). Insgesamt müssen wir uns aber auch darauf einstellen, dass bei günstigen Umgebungsbedingungen mit ausgedehnten Hitzeperioden das West-Nil-Virus in Deutschland auch breitflächiger auftreten wird. Aufgrund der starken Verbreitung des Virus und dem zunehmenden Risiko, auch in neuen Gebieten **endemisch** zu werden und dann eine hohe Zahl von Infektionen im Menschen zu verursachen, sind **Impfstoffe** eine gute Alternative, um auf ein solches Szenario vorbereitet zu sein. Die Impfstoffentwicklung gegen das **West-Nil-Fieber** hat nun bereits eine 20-jährige Historie. Während einige Impfstoffe für Pferde erhältlich sind, gibt es noch keine für den Menschen (Kaiser und Barrett 2019).

Zusammenfassung 7

Deutschland und andere europäische Staaten hatten bis vor Kurzem und überwiegend immer noch den Charme, dass wir uns in dieser gemäßigten Zone im Alltag wenig Gedanken um exotische Krankheiten machen müssen. Auch Insekten als Überträger müssen noch nicht gefürchtet werden. Relativ häufig sind nur in einigen Risikogebieten bestimmte **Infektionskrankheiten,** die von Zecken übertragen werden. Aber nicht nur Krankheiten, die von Insekten übertragen werden, sind in Deutschland selten. Infektionskrankheiten wie SARS oder das Ebola-Fieber kennen wir nur aus dem Fernsehen. Es gibt viele Faktoren, die auf die Ausbreitung bestehender und die Einführung neuer Infektionskrankheiten Einfluss haben. Die **Globalisierung** trägt dazu bei, dass im großen Maßstab Handelsgüter, Nahrungsmittel und Tiere transportiert werden und Millionen Menschen mehrmals pro Jahr in verschiedene Länder reisen und ungewollte „Passagiere" mitbringen, in Form von Mücken oder deren Eiern, kontaminierten Lebensmitteln oder Viren bei frischen Infektionen. Daneben hat die **wachsende Erdbevölkerung** zu immer mehr und größeren Ballungsgebieten, einer starken Zunahme und Vergrößerung von Nutztierbeständen und zum fortschreitenden Eindringen in Lebensräume der Wildtiere geführt. Weiterhin fördert die stetig voranschreitende **Erderwärmung** das Eindringen von neuen Erregern und Insekten in vorher gemäßigte Zonen. Die Vorläufer sind bereits jetzt zu bemerken, da sich neue Mückenarten ansiedeln, die effiziente Überträger sein können. Das Risiko der regionalen Übertragungen von tropischen Arboviren wird in den nächsten Jahren noch gering sein, hängt aber auch davon ab, ob wir in den nächsten Jahren erneut extreme Wärmeperioden im Sommer erleben wie teilweise in den letzten Jahren. Auch das Beispiel des **West-Nil-Virus** in den USA belegt, dass teilweise temporär extreme Bedingungen oder Zufälle dazu führen können, dass sich neue Viren festsetzen und einen Siegeszug in neuen Gebieten erleben.

© Der/die Autor(en), exklusiv lizenziert durch Springer Fachmedien
Wiesbaden GmbH, ein Teil von Springer Nature 2021
P. U. B. Vogel und G. A. Schaub., *Neue Infektionskrankheiten in Deutschland und Europa*, essentials, https://doi.org/10.1007/978-3-658-34148-0_7

Dazu kommt das alles überragende Beispiel von **COVID-19.** Nach den Siegen gegen Gegner wie **SARS** oder **Ebola** schien man sich in Sicherheit zu wiegen, neue Gefahren mit den klassischen Mitteln der Seuchenbekämpfung unter Kontrolle zu bringen. COVID-19 hat durch die ambivalente Mischung aus hoher Letalität und einem großen Anteil von asymptomatischen Verläufen gezeigt, wie schwierig der Kampf gegen unsichtbare Gegner (=asymptomatische Träger) ist, die frühe Eindämmungsmaßnahmen unterliefen. Zudem weist der Erreger eine hohe Infektiösität auf. Diese Faktoren haben COVID-19 aus gesundheitlicher, sozialer und wirtschaftlicher Sicht zu einer der schlimmsten **Pandemien** in der Menschheitsgeschichte gemacht. Dabei sollten wir uns nicht in Sicherheit wiegen, die nächsten Jahre vor Coronaviren wieder Ruhe zu haben. Die Prozesse, die zur Häufung von **Spillover**-Ereignissen führen, bleiben nicht konstant, sondern nehmen zu.

So verschieden die möglichen **Infektionskrankheiten** sind, so verschieden sind Maßnahmen zur Früherkennung bzw. zur Vermeidung. Während wir zur Erkennung bestimmter **Arboviren** eine weitere Intensivierung des existierenden Monitorings von Mückenpopulationen und Wildtieren benötigen, sind bei der Vogelgrippe Sentinel-Tiere ein gutes Mittel, die Zirkulation von neuen Influenza A-Stämmen zu erkennen. Im Gegensatz dazu muss man zur Prävention von Infektionskrankheiten wie **COVID-19** den eigenen Boden verlassen und sich auf den Ursprung konzentrieren. Ein regelmäßiges und breitflächiges Serum-Monitoring von Arbeitern der Hotspots (z. B. von Tiermärkten) auf neue Coronavirus-Varianten könnte helfen, die frühe Zirkulation von gefährlichen neuen Varianten zu erkennen. Auch bei **SARS** scheint es nicht „den" ersten **Index-Patienten** gegeben zu haben, der die Pandemie gestartet hat, da es ein Jahr zuvor bereits Arbeiter von Tiermärkten gab, die Antikörper gegen SARS bzw. SARS-ähnliche Viren im Blut hatten. Gerade bei Zoonosen, die eine monate- oder jahrelange Probierphase des **Spillovers** durchlaufen, könnte ein proaktives Monitoring helfen, neue Zoonosen „im Keim" zu ersticken. Das wäre aber immer noch Mitigation, also erst zulassen, dann frühzeitig beenden. Echte Prävention würde z. B. die Schaffung von Alternativen für die fortschreitende Ausweitung der Nutztierhaltung in Wildtier-Habitate beinhalten, was alles andere als einfach ist.

Was die Leser*innen aus diesem *essential* mitnehmen können

- Die sich verändernden Bedingungen begünstigen die Ausbreitung von subtropischen und tropischen Infektionskrankheiten auch in gemäßigten Zonen
- Neue Mücken-Arten mit der Fähigkeit bestimmte Erreger zu übertragen, siedeln sich zunehmend in unseren Gebieten an
- Das Risiko in Deutschland ist für viele echte Tropenkrankheiten noch gering, wird sich aber in den nächsten Jahren und Jahrzehnten immer weiter erhöhen
- COVID-19 hat gezeigt, dass die klassische Seuchenbekämpfung ihre Grenzen hat
- Aktive und passive Monitoring-Programme müssen intensiviert werden, um frühzeitig auf Ausbrüche reagieren zu können

© Der/die Herausgeber bzw. der/die Autor(en), exklusiv lizenziert durch Springer Fachmedien Wiesbaden GmbH, ein Teil von Springer Nature 2021
P. U. B. Vogel und G. A. Schaub., *Neue Infektionskrankheiten in Deutschland und Europa*, essentials, https://doi.org/10.1007/978-3-658-34148-0

Literatur

Adlhoch C, Gossner C, Koch G et al (2014) Comparing introduction to Europe of highly pathogenic avian influenza viruses A(H5N8) in 2014 and A(H5N1) in 2005. Euro Surveill 19:20996. https://doi.org/10.2807/1560-7917.es2014.19.50.20996

Akiner MM, Öztürk M, Baser AB (2019) Arboviral screening of invasive *Aedes* species in northeastern Turkey: West Nile virus circulation and detection of insect-only viruses. PloS Negl Trop Dis 13:e0007334. https://doi.org/10.1371/journal.pntd.0007334

Aranda C, Martínez MJ, Montalvo T et al (2018) Arbovirus surveillance: first dengue virus detection in local *Aedes albopictus* mosquitoes in Europe, Catalonia, Spain, 2015. Euro Surveill 23(47):1700837. https://doi.org/10.2807/1560-7917

Ayllón T, Nijhof AM, Weiher W et al (2014) Feeding behaviour of *Culicoides* spp. (Diptera: Ceratopogonidae) on cattle and sheep in northeast Germany. Parasit Vectors 7:34. https://doi.org/10.1186/1756-3305-7-34

Bakonyi T, Haussig JM (2020) West Nile virus keeps on moving up in Europe. Euro Surveill 25:2001938. https://doi.org/10.2807/1560-7917.ES.2020.25.46.2001938

Becker N, Jöst A, Weitzel T (2012) The *Culex pipiens* complex in Europe. J Am Mosq Control Assoc 28:53–67. https://doi.org/10.2987/8756-971X-28.4s.53

Biront P, Castryck F, Leunen J (1987) An epizootic of African swine fever in Belgium and its eradication. Vet Rec 120:432–434. https://doi.org/10.1136/vr.120.18.432

Bode L, Xie P, Dietrich DE et al (2020) Are human Borna disease virus 1 infections zoonotic and fatal? Lancet Infect Dis 20:650–651. https://doi.org/10.1016/S1473-3099(20)30380-7

Bonnet SI, Bouhsira E, De Regge N et al (2020) Putative role of arthropod vectors in African swine fever virus transmission in relation to their bio-ecological properties. Viruses 12:778. https://doi.org/10.3390/v12070778

Bouvier NM, Palese P (2008) The biology of influenza viruses. Vaccine 4:D49–D53. https://doi.org/10.1016/j.vaccine.2008.07.039

Bundesumweltamt (2019) Asiatische Tigermücke. https://www.umweltbundesamt.de/asiatische-tigermuecke#alternative-bekampfungsmassnahmen. Zugegriffen: 12. Febr. 2021

Caglioti C, Lalle E, Castilletti C et al (2013) Chikungunya virus infection: an overview. New Microbiol 36:211–227

Chen GL, Coates EE, Plummer SH et al (2020) Effect of a chikungunya virus-like particle vaccine on safety and tolerability outcomes: a randomized clinical trial. J Am Med Ass 323:1369–1377. https://doi.org/10.1001/jama.2020.2477

Chenais E, Depner K, Guberti V et al (2019) Epidemiological considerations on African swine fever in Europe 2014–2018. Porcine Health Manag 5:6. https://doi.org/10.1186/s40813-018-0109-2

Chitimia-Dobler L, Schaper S, Rieß R et al (2019) Imported *Hyalomma* ticks in Germany in 2018. Parasit Vectors 12:134. https://doi.org/10.1186/s13071-019-3380-4

Claine F, Coupeau D, Wiggers L et al (2015) Schmallenberg virus infection of ruminants: challenges and opportunities for veterinarians. Vet Med (auckl) 6:261–272. https://doi.org/10.2147/VMRR.S83594

Collins ÁB, Doherty ML, Barrett DJ et al (2019) Schmallenberg virus: a systematic international literature review (2011–2019) from an Irish perspective. Ir Vet J 72:9; doi: https://doi.org/10.1186/s13620-019-0147-3

Corman VM, Muth D, Niemeyer D et al (2018) Hosts and sources of endemic human coronaviruses. Adv Virus Res 100:163–188. https://doi.org/10.1016/bs.aivir.2018.01.001

CSSE (2021) Coronavirus 2019-nCoV global cases by Johns Hopkins CSSE. https://coronavirus.jhu.edu/map.html. Zugegriffen: 18. Mai 2021

Cwynar P, Stojkov J, Wlazlak K (2019) African swine fever status in Europe. Viruses 11:310. https://doi.org/10.3390/v11040310

Drosten C, Günther S, Preiser W et al (2003) Identification of a novel coronavirus in patients with severe acute respiratory syndrome. N Engl J Med 348:1967–1976. https://doi.org/10.1056/NEJMoa030747

Dunphy BM, Kovach KB, Gehrke EJ et al (2019) Long-term surveillance defines spatial and temporal patterns implicating *Culex tarsalis* as the primary vector of West Nile virus. Sci Rep Apr 9:6637.s https://doi.org/10.1038/s41598-019-43246-y

ECDC (2014) Risk assessment for chikungunya in the EU continental and overseas countries, territories and departments. https://www.ecdc.europa.eu/en/chikungunya/threats-and-outbreaks/risk-assessment-chikungunya-eu#:~:text=The%20risk%20of%20chikungunya%20fever,Mediterranean%20coast)%20and%20population%20susceptibility. Zugegriffen: 5. März 2021

Endalew AD, Faburay B, Wilson WC et al (2019) Schmallenberg disease – a newly emerged *Culicoides*-borne viral disease of ruminants. Viruses 11:1065. https://doi.org/10.3390/v11111065

European Food Safety Authority, European Centre for Disease Prevention and Control and European Union Reference Laboratory for Avian Influenza, Adlhoch C et al (2020) Avian influenza overview February – May 2020. EFSA J 18:e06194. https://doi.org/10.2903/j.efsa.2020.6194

Fischer D, Thomas SM, Suk JE et al (2013) Climate change effects on Chikungunya transmission in Europe: geospatial analysis of vector's climatic suitability and virus' temperature requirements. Int J Health Geogr 12:51. https://doi.org/10.1186/1476-072X-12-51

FLI (2021a) Blauzungenkrankheit (BT). https://www.fli.de/de/aktuelles/tierseuchengeschehen/blauzungenkrankheit/. Zugegriffen: 9. März 2021

FLI (2021b) Afrikanische Schweinepest. https://www.fli.de/de/aktuelles/tierseuchengeschehen/afrikanische-schweinepest/. Zugegriffen: 10. März 2021

Früh L, Kampen H, Koban MB et al (2020) Oviposition of *Aedes japonicus japonicus* (Diptera: Culicidae) and associated native species in relation to season, temperature and land use in western Germany. Parasit Vectors 13:623. https://doi.org/10.1186/s13071-020-04461-z

Gethmann J, Probst C, Conraths FJ (2020) Economic impact of a bluetongue serotype 8 epidemic in Germany. Front Vet Sci 7:65. https://doi.org/10.3389/fvets.2020.00065

Gillim-Ross L, Subbarao K (2006) Emerging respiratory viruses: challenges and vaccine strategies. Clin Microbiol Rev 19:614–636. https://doi.org/10.1128/CMR.00005-06

Globig A, Staubach C, Sauter-Louis C et al (2018) Highly pathogenic avian influenza H5N8 clade 2.3.4.4b in Germany in 2016/2017. Front Vet Sci 4:240. https://doi.org/10.3389/fvets.2017.00240

Gossner CM, Marrama L, Carson M et al (2017) West Nile virus surveillance in Europe: moving towards an integrated animal-human-vector approach. Euro Surveill 22:30526. https://doi.org/10.2807/1560-7917.ES.2017.22.18.30526

Graham RL, Donaldson EF, Baric RS (2013) A decade after SARS: strategies for controlling emerging coronaviruses. Nat Rev Microbiol 11:836–848. https://doi.org/10.1038/nrmicro3143

Grandadam M, Caro V, Plumet S et al (2011) Chikungunya virus, southeastern France. Emerg Infect Dis 17:910–913. https://doi.org/10.3201/eid1705.101873

Greenberg SB (2016) Update on human rhinovirus and coronavirus infections. Semin Respir Crit Care Med 37:555–571. https://doi.org/10.1055/s-0036-1584797

Gubler DJ, Clark GG (1995) Dengue/dengue hemorrhagic fever: the emergence of a global health problem. Emerg Infect Dis 1:55–57

Guinat C, Gogin A, Blome S et al (2016) Transmission routes of African swine fever virus to domestic pigs: current knowledge and future research directions. Vet Rec 178:262–267. https://doi.org/10.1136/vr.103593

Guo YR, Cao QD, Hong ZS et al (2020) The origin, transmission and clinical therapies on coronavirus disease 2019 (COVID-19) outbreak – an update on the status. Mil Med Res 7:11. https://doi.org/10.1186/s40779-020-00240-0

Hagenaars TJ, Backx A, van Rooij EMA et al (2021) Within-farm transmission characteristics of bluetongue virus serotype 8 in cattle and sheep in the Netherlands, 2007–2008. PloS One 16:e0246565. https://doi.org/10.1371/journal.pone.0246565

Harapan H, Itoh N, Yufika A et al (2020) Coronavirus disease 2019 (COVID-19): a literature review. J Infect Public Health 13(5):667–673. https://doi.org/10.1016/j.jiph.2020.03.019

Hemmer CJ, Emmerich P, Loebermann M et al (2018) Mücken und Zecken als Krankheitsvektoren: der Einfluss der Klimaerwärmung. Dtsch Med Wochenschr 143:1714–1722. https://doi.org/10.1055/a-0653-6333

Hilbe M, Herrsche R, Kolodziejek J et al (2006) Shrews as reservoir hosts of Borna disease virus. Emerg Infect Dis 12:675–677. https://doi.org/10.3201/eid1204.051418

Holicki CM, Scheuch DE, Ziegler U et al (2020) German *Culex pipiens* biotype *molestus* and *Culex torrentium* are vector-competent for Usutu virus. Parasit Vectors 13:625. https://doi.org/10.1186/s13071-020-04532-1

Jacquot M, Nomikou K, Palmarini M et al (2017) Bluetongue virus spread in Europe is a consequence of climatic, landscape and vertebrate host factors as revealed by phylogeographic inference. Proc Biol Sci 284:20170919. https://doi.org/10.1098/rspb.2017.0919.

Jansen S, Heitmann A, Lühken R et al (2019) *Culex torrentium*: a potent vector for the transmission of West Nile Virus in central Europe. Viruses 11(6):E492. https://doi.org/10.3390/v11060492

Johnson N, Fernández de Marco M, Giovannini A et al (2018) Emerging mosquito-borne threats and the response from European and Eastern Mediterranean countries. Int J Environ Res Public Health 15:2775. https://doi.org/10.3390/ijerph15122775

Jourdain F, Roiz D, de Valk H et al (2020) From importation to autochthonous transmission: drivers of chikungunya and dengue emergence in a temperate area. PloS Negl Trop Dis 14:e0008320. https://doi.org/10.1371/journal.pntd.0008320

Kahn JS, McIntosh K (2005) History and recent advances in coronavirus discovery. Pediatr Infect Dis J 24:223–227. https://doi.org/10.1097/01.inf.0000188166.17324.60

Kaiser JA, Barrett ADT (2019) Twenty years of progress toward West Nil virus vaccine development. Viruses 11:823. https://doi.org/10.3390/v11090823

Kameke D, Kampen H, Walther D (2017) Acitivity of *Culicoides* spp. (Diptera: Ceratopogonidae) inside and outside of livestock stables in late winter and spring. Parasitol Res 116:881–889. https://doi.org/10.1007/s00436-016-5361-2

Kampen H, Kuhlisch C, Fröhlich A et al (2016) Occurence and spread of the invasive asian bush mosquito *Aedes japonicus japonicus* (Diptera: Culicidae) in West and North Germany since detection in 2012 and 2013, respectively. PloS One 11:e0167948. https://doi.org/10.1371/journal.pone.0167948

Karch H, Denamur E, Dobrindt U et al (2012) The enemy within us: lessons from the 2011 European *Escherichia coli* O104:H4 outbreak. EMBO Mol Med 4:841–848. https://doi.org/10.1002/emmm.201201662

Karger A, Pérez-Núñez D, Urquiza J et al (2019) An update on African swine fever virology. Viruses 11:864. https://doi.org/10.3390/v11090864

Kaufmann C, Schaffner F, Mathis A (2009) Monitoring of biting midges (*Culicoides* spp.), the potential vectors of the bluetongue virus, in the 12 climatic regions of Switzerland. Schweiz Arch Tierheilkd 151:205–213. https://doi.org/10.1024/0036-7281.151.5.205

Klein H, Asseo K, Karni N et al (2021) Onset, duration and unresolved symptoms, including smell and taste changes, in mild COVID-19 infection: a cohort study in Israeli patients. Clin Microbiol Infect 16:S1198-743X(21)00083-5. https://doi.org/10.1016/j.cmi.2021.02.008

Koenraadt CJM, Möhlmann TWR, Verhulst NO et al (2019) Effect of overwintering on survival and vector competence of the West Nile virus vector *Culex pipiens*. Parasit Vectors 12:147. https://doi.org/10.1186/s13071-019-3400-4

Kramer LD, Ciota AT, Kilpatrick AM (2019) Introduction, spread, and establishment of West Nile virus in the Americas. J Med Entomol 56:1448–1455. https://doi.org/10.1093/jme/tjz151

Kuhn JH, Bavari S (2017) Asymptomatic Ebola virus infections – myth or reality? Lancet Infect Dis 17:570–571. https://doi.org/10.1016/S1473-3099(17)30110-X

Kupferschmidt K (2012) Neue Seuche im Stall, alte Seuchen, neues Virus, ständige Gefahr. Potsdamer Neueste Nachrichten. https://www.pnn.de/wissenschaft/ueberregional/neue-seuche-im-stall-alte-seuchen-neues-virus-staendige-gefahr/21874470.html. Zugegriffen: 3. März 2021

Kupke A, Becker S, Wewetzer K et als (2019) Intranasal Borna disease virus (BoDV-1) infection: insights into initial steps and potential contagiosity. Int J Mol Sci 20:1318. https://doi.org/10.3390/ijms20061318

Lambrechts L, Scott TW, Gubler DJ (2010) Consequences of the expanding global distribution of *Aedes albopictus* for dengue virus tranmission. PLoS Negl Trop Dis 4:e646. https://doi.org/10.1371/journal.pntd.0000646

Landesuntersuchungsamt Rheinland-Pfalz (2021) Blauzungenkrankheit. https://lua.rlp.de/de/unsere-themen/lexikon/lexikon-b/blauzungenkrankheit/. Zugegriffen: 14. März 2021

Lecollinet S, Pronost S, Coulpier M et al (2019) Viral equine encephalitis, a growing threat to the horse population in Europe? Viruses 12:23. https://doi.org/10.3390/v12010023

Leggewie M, Badusche M, Rudolf M et al (2016) *Culex pipiens* and *Culex torrentium* populations from Central Europe are susceptible to West Nile virus infection. One Health 2:88–94. https://doi.org/10.1016/j.onehlt.2016.04.001

LGL (2021) „Schmallenberg-Virus" (Europäisches Shamonda-like Orthobunyavirus). https://www.lgl.bayern.de/tiergesundheit/tierkrankheiten/virusinfektionen/schmallenberg_virus/. Zugegriffen: 3. März 2021

Ludwig H, Bode L (2000) Borna disease virus: new aspects on infection, disease, diagnosis and epidemiology. Rev Sci Tech 19:259–288. https://doi.org/10.20506/rst.19.1.1217

Martinet JP, Ferté H, Failloux AB et al (2019) Mosquitoes of North-Western Europe as potential vectors of arboviruses: a review. Viruses 11:1059. https://doi.org/10.3390/v11111059

Mazur-Panasiuk N, Żmudzki J, Woźniakowski G (2019) African swine fever virus – persistence in different environmental conditions and the possibility of its indirect transmission. J Vet Res 63:303–310. https://doi.org/10.2478/jvetres-2019-0058

Maxmen A (2021) WHO report into COVID pandemic origins zeroes in on animal markets, not labs. Nature 592:173–174

McMillan JR, Marcet PL, Hoover CM et al (2019) Feeding success and host selection by *Culex quinquefasciatus* Say mosquitoes in experimental trials. Vector Borne Zoonotic Dis 19:540–548. https://doi.org/10.1089/vbz.2018.2381

Mehta R, Gerardin P, de Brito CAA et al (2018) The neurological complications of chikungunya virus: a systematic review. Rev Med Virol 28:e1978. https://doi.org/10.1002/rmv.1978

Michel F, Sieg M, Fischer D et al (2019) Evidence for West Nile virus and Usutu virus infections in wild and resident birds in Germany, 2017 and 2018. Viruses 11:674. https://doi.org/10.3390/v11070674

Morens DM, Daszak P, Taubenberger JK (2020) Escaping Pandora's box – another novel coronavirus. N Engl J Med 382(14):1293–1295. https://doi.org/10.1056/NEJMp2002106

Napp S, Petrić D, Busquets N (2018) West Nile virus and other mosquito-borne viruses present in Eastern Europe. Pathog Glob Health 112:233–248. https://doi.org/10.1080/20477724.2018.1483567

NDR (2021) Geflügelpest im Kreis Plön: 76.000 Hühner werden getötet. https://www.ndr.de/nachrichten/schleswig-holstein/Gefluegelpest-im-Kreis-Ploen-76000-Huehner-werden-getoetet,vogelgrippe584.html. Zugegriffen: 8. März 2021

Peeri NC, Shrestha N, Rahman MS et al (2020) The SARS, MERS and novel coronavirus (COVID-19) epidemics, the newest and biggest global health threats: what lessons have we learned? Int J Epidemiol 49(3):717–726. https://doi.org/10.1093/ije/dyaa033

Pierson TC, Diamond MS (2020) The continued threat of emerging flaviviruses. Nat Microbiol 5:796–812. https://doi.org/10.1038/s41564-020-0714-0

Pohlmann A, Starick E, Grund C (2018) Swarm incursions of reassortants of highly pathogenic avian influenza virus strains H5N8 and H5N5, clade 2.3.4.4b, Germany, winter 2016/17. Sci Rep 8:15. https://doi.org/10.1038/s41598-017-16936-8

Raquin V, Lambrechts L (2017) Dengue virus replicates and accumulates in *Aedes aegypti* salivary glands. Virology 507:75–81. https://doi.org/10.1016/j.virol.2017.04.009

Rezza G (2018) Chikungunya is back in Italy: 2007–2017. J Travel Med 25. https://doi.org/10.1093/jtm/tay004

Richt JA, Pfeuffer I, Christ M et al (1997) Borna disease virus infection in animals and humans. Emerg Infect Dis 3:343–352. https://doi.org/10.3201/eid0303.970311

Rizzoli A, Jimenez-Clavero MA, Barzon L et al (2015) The challenge of West Nile virus in Europe: knowledge gaps and research priorities. Euro Surveill 20:21135. https://doi.org/10.2807/1560-7917.es2015.20.20.21135

RKI (2021) RKI zu humanen Erkrankungen mit aviärer Influenza (Vogelgrippe). https://www.rki.de/DE/Content/InfAZ/Z/ZoonotischeInfluenza/Vogelgrippe.html. Zugegriffen: 8. März 2021

Rossi SL, Ross TM, Evans JD (2010) West Nile virus. Clin Lab Med 30:47–65. https://doi.org/10.1016/j.cll.2009.10.006

Rubbenstroth D, Niller HH, Angstwurm K et al (2020) Are human Borna disease virus 1 infections zoonotic and fatal? – Authors' reply. Lancet Infect Dis 20:651. https://doi.org/10.1016/S1473-3099(20)30379-0

Rudolf I, Betášová L, Blažejová H et al (2017) West Nile virus in overwintering mosquitoes, central Europe. Parasit Vectors 10:452. https://doi.org/10.1186/s13071-017-2399-7

Salazar MI, Richardson JH, Sánchez-Vargas I (2007) Dengue virus type 2: replication and tropisms in orally infected *Aedes aegypti* mosquitoes. BMC Microbiol 30(7):9

Schulz K, Conraths FJ, Blome S et al (2019) African swine fever: fast and furious or slow and steady? Viruses 11:866. https://doi.org/10.3390/v11090866

Sellwood C, Asgari-Jirhandeh N, Salimee S (2007) Bird flu: if or when? Planning for the next pandemic. Postgrad Med J 83:445–450. https://doi.org/10.1136/pgmj.2007.059253

Sick F, Beer M, Kampen H et al (2019) *Culicoides* biting midges – underestimated vectors for arboviruses of public health and veterinary importance. Viruses 11:376. https://doi.org/10.3390/v11040376

Stefano GB (2021) Historical insight into infections and disorders associated with neurological and psychiatric sequelae similar to long COVID. Med Sci Monit 27:e931447. https://doi.org/10.12659/MSM.931447

Succo T, Leparc-Goffart I, Ferré JB et al (2016) Autochthonous dengue outbreak in Nîmes, South of France, July to September 2015. Euro Surveill 26:21. https://doi.org/10.2807/1560-7917.ES.2016.21.21.30240

Succo T, Noël H, Nikolay B et al (2018) Dengue serosurvey after a 2-month long outbreak in Nîmes, France, 2015: was there more than met the eye? Euro Surveill 23:1700482. https://doi.org/10.2807/1560-7917.ES.2018.23.23.1700482

Sun Z, Thilakavathy K, Kumar SS (2020) Potential factors influencing repeated SARS outbreaks in China. Int J Environ Res Public Health 17:1633. https://doi.org/10.3390/ijerph17051633

tagesschau.de (2021) China verhängt Importverbot. https://www.tagesschau.de/wirtschaft/schweinepest-brandenburg-import-china-101.html. Zugegriffen: 10. März s2021

Tappe D, Frank C, Offergeld R (2019) Low prevalence of Borna disease virus 1 (BoDV-1) IgG antibodies in humans from areas endemic for animal Borna disease of Southern Germany. Sci Rep 9:20154. https://doi.org/10.1038/s41598-019-56839-4

Tarlinton R, Daly J, Dunham S et al (2012) The challenge of Schmallenberg virus emergence in Europe. Vet J 194:10–18. https://doi.org/10.1016/j.tvjl.2012.08.017

The Lancet (2020a) Facing up to long COVID. Lancet 396:1861. https://doi.org/10.1016/S0140-6736(20)32662-3

The Lancet (2020b) COVID-19: fighting panic with information. Lancet 395:537.https://doi.org/10.1016/S0140-6736(20)30379-2

Uyeki TM, Peiris M (2019) Novel avian influenza A virus infections of humans. Infect Dis Clin North Am 33:907–932. https://doi.org/10.1016/j.idc.2019.07.003

Vairo F, Pietrantonj CD, Pasqualini C et al (2018) The surveillance of chikungunya virus in a temperate climate: challenges and possible solutions from the experience of Lazio region, Italy. Viruses 10:501. https://doi.org/10.3390/v10090501

Verhagen JH, Fouchier RAM, Lewis N (2021) Highly pathogenic avian influenza viruses at the wild-domestic bird interface in Europe: future directions for research and surveillance. Viruses 13:212. https://doi.org/10.3390/v13020212

Vogel PUB (2021) COVID-19: Suche nach einem Impfstoff, 2. Aufl. Springer Spektrum, Wiesbaden. https://doi.org/10.1007/978-3-658-33140-1

Vogel PUB, Schaub GA (2021) Seuchen, alte und neue Gefahren – Von der Pest bis COVID-19. Springer Spektrum, Wiesbaden. https://doi.org/10.1007/978-3-658-32953-2

Vogels CBF, Fros JJ, Göertz GP et al (2016) Vector competence of northern European *Culex pipiens* biotypes and hybrids for West Nile virus is differentially affected by temperature. Parasit Vectors 9:393. https://doi.org/10.1186/s13071-016-1677-0

Walther D, Kampen H (2017) The citizen science project 'Mueckenatlas' helps monitor the distribution and spread of invasive mosquito species in Germany. J Med Entomol 54:1790–1794. https://doi.org/10.1093/jme/tjx166

Wang F, Kream RM, Stefano GB (2020) Long-term respiratory and neurological sequelae of COVID-19. Med Sci Monit 26:e928996. https://doi.org/10.12659/MSM.928996

Weaver SC, Charlier C, Vasilakis N et al (2018) Zika, chikungunya, and other emerging vector-borne viral diseases. Annu Rev Med 69:395–408. https://doi.org/10.1146/annurev-med-050715-105122

Webster RG, Govorkova EA (2014) Continuing challenges in influenza. Ann N Y Acad Sci 1323:115–139. https://doi.org/10.1111/nyas.12462

Weissenböck H, Bagó Z, Kolodziejek J et al (2017) Infections of horses and shrews with Bornaviruses in Upper Austria: a novel endemic area of Borna disease. Emerg Microbes Infect 6:e52. https://doi.org/10.1038/emi.2017.36

Werner D, Groschupp S, Bauer C et al (2020) Breeding habitat preferences of major *Culicoides* species (Diptera: Ceratopogonidae) in Germany. Int J Environ Res Public Health 17:5000. https://doi.org/10.3390/ijerph17145000

Wernike K, Beer M (2020) Schmallenberg virus: to vaccinated, or not to vaccinate? Vaccines (Basel) 8:287. https://doi.org/10.3390/vaccines8020287

WHO (2004) Summary of probable SARS cases with onset of illness from 1 November 2002 to 31 July 2003. https://www.who.int/csr/sars/country/table2004_04_21/en/. Zugegriffen: 30. März 2021

WHO (2020) MERS situation update. https://www.emro.who.int/health-topics/mers-cov/mers-outbreaks.html. Zugegriffen: 20. Febr. 2021

Wilder-Smith A, Teleman MD, Heng BH et al (2005) Asymptomatic SARS coronavirus infection among healthcare workers, Singapore. Emerg Infect Dis 11:1142–1145. https://doi.org/10.3201/eid1107.041165

Wilson AJ, Mellor PS (2009) Bluetongue in Europe: past, present and future. Philos Trans R Soc Lond B Biol Sci 364:2669–2681. https://doi.org/10.1098/rstb.2009.0091

Wimalasiri-Yapa BMCR, Stassen L, Hu W et al (2019) Chikungunya virus transmission at low temperature by *Aedes albopictus* mosquitoes. Pathogens 8:149. https://doi.org/10.3390/pathogens8030149

Xu J, Zhao S, Teng T et al (2020) Systematic comparison of two animal-to-human transmitted human coronaviruses: SARS-CoV-2 and SARS-CoV. Viruses 12:E244. https://doi.org/10.3390/v12020244

Ye ZW, Yuan S, Yuen KS et al (2020) Zoonotic origins of human coronaviruses. Int J Biol Sci 16:1686–1697. https://doi.org/10.7150/ijbs.45472

Yuen KS, Ye ZW, Fung SY et al (2020) SARS-CoV-2 and COVID-19: the most important research questions. Cell Biosci 10:40. https://doi.org/10.1186/s13578-020-00404-4

Zaki AM, van Boheemen S, Bestebroer TM et al (2012) Isolation of a novel coronavirus from a man with pneumonia in Saudi Arabia. N Engl J Med 367:1814–1820. https://doi.org/10.1056/NEJMoa1211721

Ziegler U, Lühken R, Keller M et al (2019) West Nile virus epizootic in Germany, 2018. Antiviral Res 162:39–43. https://doi.org/10.1016/j.antiviral.2018.12.005

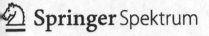
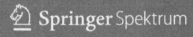

Printed in the United States
by Baker & Taylor Publisher Services

Printed in the United States
by Baker & Taylor Publisher Services